AF345144

RECUEIL

DE DIFFERENS TRAITÉS
DE PHYSIQUE
ET
D'HISTOIRE NATURELLE,

Propres à perfectionner ces deux Sciences.

Par M. DESLANDES.

Seconde Edition, corrigée & augmentée de plusieurs nouveaux Traités.

A PARIS,

Chez J. F. QUILLAU, Fils, Libraire, rue Saint Jacques, vis-à-vis celle des Mathurins, aux Armes de l'Université.

M DCC XLVIII.

AVEC APPROBATION ET PRIVILEGE DU ROI.

A MONSIEUR,

MONSIEUR....

Ce ne font point les grands
Titres qui vous décorent, ni les
Charges dont vous êtes revêtu,
qui m'ont engagé à vous offrir
cet Ouvrage. Tout cela vous
eft étranger, & tout cela ne
fait fur mon ame qu'une impref-
fion très-légére. Mais ce qui
vous attire aujourd'hui mon
hommage, ce font vos qualités
perfonnelles ; c'eft l'exacte pro-
bité dont vous faites profeffion ;

c'est l'amour éclairé de la justice qui rend votre oreille attentive aux plaintes du pauvre & aux cris du malheureux ; c'est le noble désintéressement qui vous a fait refuser les moyens si ordinaires d'augmenter votre patrimoine ; c'est l'aimable simplicité de votre maison , de vos meubles , de vos équipages , de votre train ; c'est en un mot cette humeur bienfaisante qui vous fait courir généreusement au-devant de tous ceux qui ont besoin de votre crédit & de votre assistance. J'avoue, Monsieur, que ces qualités ne sont pas toujours celles qui portent aux fortunes distinguées , & aux établissemens pompeux :

mais du moins ce font celles qui caractérifent le Citoyen, l'honnête Homme, le Philofophe content de lui-même. *Confcientia honoris fatis magnum Theatrum. Vous fçavez, MONSIEUR, que je n'ai point cherché d'autre récompenfe & des peines que j'ai prifes, & des foins que je me fuis donnés, pour fervir utilement le Public. Adieu, MONSIEUR, continuez à être heureux en pratiquant la vertu que vous aimez, & en la faifant pratiquer à ceux qui vous eftiment.*

PRÉFACE.

LES Ouvrages de la Nature font l'unique fource des connoiſſances utiles : je dirai quelque choſe de plus, des connoiſſances dont l'utilité ne peut être révoquée en doute. L'étude de la Phyſique par conſéquent eſt une des plus nobles, une des plus vertueuſes occupations de l'Eſprit humain. Chaque partie de l'Univers mérite ſon attention, & lui rappelle inceſſamment la puiſſance & la ſageſſe du grand Ouvrier qui a tout fait. L'art infini de la Providence ſe découvre dans la merveilleuſe diſpoſition des plus petites parties de chaque ſemence, de cha

que coquille, de chaque métal ;
de chaque fleur, de chaque infe-
&te : difpofition, qui rend ces
parties fi propres à l'objet de
leur deftination. On y trouve en
détail des beautés furprenantes ,
une organifation, un méchanifme
qui furpaffent tout ce qu'offre l'art
le plus exquis & le plus délicat.

Les Philofophes de tous les
fiécles, les Sages, les Adeptes,
les Elûs, ont été perfuadés de
cette vérité, & ils ont étudié les
fecrets de la Nature autant qu'ils
en ont été capables par la trempe particuliere de leur efprit.
Leurs recherches ont embraffé
les deux extrêmes de l'Univers,
s'il m'eft permis de parler ainfi ,
& les ont embraffés avec plus
ou moins de bonheur & de fuccès. Je parle 1°. de ces corps
fi grands, fi prodigieux, renfermés dans notre fyftême folaire

& dont nous pouvons connoître
les dimenfions, les diftances, les
mouvemens, l'ordre & la régularité ; 2°. de ces corps fi petits
& prefque infenfibles, qui échappent aux yeux les plus pénétrans
& qu'on ne peut trop admirer.
Il eft vrai que ces deux extrêmes
n'ont été bien connus que depuis
la découverte dûe au hazard des
Télefcopes & des Microfcopes.

Ces deux inftrumens perfec-
tionnés femblent nous procurer
de nouveaux fens, & nous faire
connoître les opérations les plus
fecrettes & les plus compliquées
de la Nature. Ils mettent à notre
portée & prefque fous nos yeux,
des prodiges qu'on n'auroit pas
même foupçonnés dans les fiécles antérieurs ; des prodiges qui
ne furprennent pas moins ceux
qui font accoûtumés à les obfer-

ver, que ceux qui les obſervent
pour la premiere fois.

Qu'eſt-ce que le bonheur, ſi-
non l'art de ſçavoir ſe procurer,
ſans gêne, ſans contrainte, un
plus grand nombre d'amuſemens
utiles & conformes à cette raiſon ſupérieure, qui doit guider
l'homme pendant les bornes é-
troites de cette vie ? Ainſi, celui
qui ſenſible à la dignité de ſon
être & poſſédant ſon ame en tranquillité, aime à conſidérer les
ouvrages de la Nature & à les
analyſer curieuſement, paſſe ſes
jours de la maniere la plus agréable, parce que tout lui préſente
des plaiſirs purs, nets & exemts
de ces reproches amers que la
volupté traîne toujours à ſa ſuite.
Un tel homme ne peut jamais
trouver le tems trop long, ni
trop uniforme : il n'eſt point à
charge ni incommode à lui-mê-

me , comme ceux qui ayant l'esprit vuide de toute connoiſſance , ont beſoin d'une diſſipation perpétuelle & s'attachent à tous les objets, qui viennent s'offrir à leur folle imagination.

Le moindre parterre , la moindre campagne , le moindre verger, ſont pour le Philoſophe un cabinet de curioſités : & il lui faut bien du tems , pour en examiner à fond toutes les parties, & y entrer dans tous les recoins. Il regarde l'Univers comme une collection ſoigneuſement faite , comme un aſſemblage diverſifié avec goût , de merveilles ſans nombre & inépuiſables , même dans l'infinité des ſiécles.

Ces réflexions préliminaires ſuppoſées, je vais parler de l'Ouvrage que je donne au Public ,

& qui eſt intitulé : *Recueil de différens Traités de Phyſique & d'Hiſtoire Naturelle*, propres à hâter les progrès de deux ſciences ſi utiles à l'humanité. Ce Recueil avoit déja paru en 1736. chez feu M. Ganeau, Libraire : mais il reparoît aujourd'hui fort augmenté, & accru de quantité de traits recherchés & de remarques importantes. Voici en détail les titres, & les ſujets des anciens & des nouveaux Traités joints enſemble. Si une premiere vûe peut prévenir en leur faveur, je ſouhaite extrêmement que la lecture qui eſt une vûe plus lente & plus approfondie, ne leur faſſe point de tort. *Non eſt tale hoc opus ut in arce poni poſſit, quaſi illa Minerva Phidiæ :* * *tale tamen eſt ut ex eadem officinâ, exiſſe videatur.*

* *Cic. Parad. initio.*

I.

Sur la maniere de conserver les Grains, & de faire des Greniers publics, avec des Observations qui développent la structure intérieure & le caractère de ces Grains.

L'intérêt des peuples soumis à un gouvernement sage & éclairé, demande qu'on veille continuellement à la sûreté & à la garde des denrées qui leur sont nécessaires pour vivre ; afin que le prix n'en monte point trop haut, & n'en descende point trop bas. Cette balance est un des principaux objets de la politique, & de ce qu'on appelle dans le Royaume la grande police. Mais com-

bien de gens par une odieufe habileté, ne cherchent-ils point à la
tromper? Combien de profits for-
dides & illégitimes ne font-ils
pas, foit en cachant les grains
dans des maifons particulieres,
foit en les faifant paffer aux étrangers? Il n'y a point d'années où
dans quelques-unes de nos Provinces, on ne voye de ces pra-
tiques honteufes, de ces trames
ourdies avec un art criminel: &
loin que ceux qui devroient s'y
oppofer, prennent toujours fur
cela de juftes méfures; ils femblent au contraire y prêter la
main, gagnés fans doute à prix
d'argent. Ainfi, j'ai cru rendre
fervice au public, en lui commu-
niquant les vûes & les expériences que j'ai pû recueillir d'ailleurs, & en y joignant les mien-
nes propres. M. Leibnitz difoit
que *fi les hommes vouloient, les*

hommes pourroient se délivrer de ces trois grands fleaux, la Guerre, la Peste & la Famine. Quant aux deux derniers, chaque Souverain le peut : mais contre la Guerre, il faudroit cet accord de plusieurs Souverains qu'il est difficile d'obtenir *.* Heureuse l'Europe, déchirée par des haines meurtrieres & opiniâtres, si elle l'obtient bientôt !

II.

Sur la prompte végétation des Plantes, avec des Remarques tirées de différens Auteurs.

La terre est plus féconde & plus abondante, que d'ordinaire on ne se l'imagine : mais elle est

* *Recueil de divers. Piéc. Amst.* 1740.

en même tems, fi j'ofe ainfi parler, avare de fes productions. Il faut la folliciter de mille manieres adroites & laborieufes, à ouvrir fon fein fertile : il faut lui arracher fes tréfors, en y employant tous les fecrets qu'enfeignent la Phyfique, & fouvent la Chymie. J'en donne quelques-uns, que j'ai moi-même éprouvés avec foin. Il y en a plufieurs autres, qui ne méritent pas moins de l'être. On ne doit rien négliger.

III.

Sur la Pêche du Saumon.

Toutes les chofes de la vie ont des induftries particulieres, qui manquent ordinairement d'obfervateurs pour les connoître en détail. Croiroit-on qu'une Hi-

ftoire générale des Pêches pût devenir une Hiftoire très-curieufe ?
elle auroit du moins je ne fçai
quel air de nouveauté ; fur-tout
fi l'on y repréfentoit les divers
habillemens des Pêcheurs, & la
maniere dont leurs filets font travaillés ; fi l'on y parloit des hazards qu'ils courent & du courage, du fang-froid, avec lefquels ils s'en préfervent; fi l'on
y évaluoit enfin les profits conti-
nués qu'ils apportent dans le
Royaume, & l'utilité dont ils
font à la Marine, en formant un
nombre infini de jeunes Matelots, toujours prêts à tout ofer &
à tout entreprendre.

Je compte donner inceffam-
ment l'Hiftoire de la Pêche de la
Morue, & l'Hiftoire de celle des
Baleines. On y verra des cho-
fes furprenantes & inattendues.
Quelle hardieffe, quelle fermeté

dans des hommes qui nous paroiſſent ſi vils !

I V.

Sur les Sympathies & les Antipathies, avec quelques Remarques de Phyſique & d'Anatomie, pour expliquer ce qu'elles ſont.

L'homme eſt à lui-même une énigme inexplicable. Il ignore d'où lui viennent la plûpart de ſes goûts, de ſes penchans, de ſes averſions, de ſes inimitiés. Il hait ce qu'il devroit aimer ; il aime ce qu'il devroit haïr. Il court après les choſes nuiſibles à ſa ſanté, & il rejette ce qui pourroit lui conſerver la vie. Quelle eſt la cauſe de tous ces différens caprices ? Il faut la chercher dans la méchanique intérieure & extérieure du corps. L'intérieure eft proprement ce qui conftitue l'ame, l'efprit de l'homme : l'extérieure dépend des veines, des arteres, des vaiffeaux limphatiques, & fur-tout de l'entrelaffement des nerfs, plus ou moins fufceptibles des impreffions du dehors. Elles caufent mille & mille variétés dans nos goûts & dans nos fentimens : & ces variétés augmentent ou diminuent jufqu'à l'infini.

V.

Sur diverses Particularités d'Histoire Naturelle, qui regardent l'Angleterre, l'Écosse & l'Islande, tirées des Transactions Philosophiques.

La principale science d'un peuple éclairé sur ses véritables intérêts, est de connoître les richesses naturelles de son propre pays, & de les faire valoir attentivement. C'est en quoi excellent les Anglois. Mines, Forêts, Montagnes, Rivieres, Haras, Bestiaux : ils mettent tout à profit ; ils se font des revenus de tout. Rien n'échappe à leur sagacité vive & agissante. Heureux, si nous profitions de leurs exemples, nous qui sommes beaucoup plus riches en facultés, en productions naturelles !

V I.

Sur la meilleure maniere de faire des Expériences, sur les précautions qu'elles demandent, & sur le peu d'estime que méritent la plûpart de celles qui ont été faites jusqu'ici.

Ce Traité a paru mériter, si ce n'est l'approbation, du moins l'indulgence de notre Public. Les étrangers même ont daigné en faire quelque cas, puisqu'il a été traduit en Anglois, en Flamand & en Italien. L'Auteur d'un Journal imprimé en Hollande,

ayant dit que M. P. V. Muſſchenbroek avoit deſapprouvé la liberté
que j'avois priſe de refondre ſon
Diſcours ſur les Expériences, je
lui envoyai mon Traité & lui en
fis une ſorte d'hommage. Voici la réponſe que je reçus de
M. Muſſchenbroek , & que je
rapporte pour ma juſtification.

„ *Vir nobiliſſime , lætus donum*
„ *tuum accepi, avidè legi nec ſine*
„ *utilitate. Laudo propoſitum, quod*
„ *ſcientiam ad utile perducere vo-*
„ *lueris : in ſubtilitatibus ſæpe vana*
„ *eſt gloria. Pluris quam par erat*
„ *feciſti meam oratiunculam de inſti-*
„ *tuendis Experimentis , ut eam*
„ *vertendam & commentariis illu-*
„ *ſtrandam cenſueris. Interim per-*
„ *gito bene mereri de Phyſicâ eam-*
„ *que obſervationibus locupletare.*
„ *Huic ſcopo te Deus O. M. diù ſer-*
„ *vet incolumem, in decus Patriæ*
„ *& Familiæ honorem. Nunc , offi-*

„ *ciosissime, à me tui amantissimo sa-*
„ *lutatus, vale*..... *Ultrajecti,*
1°. *Octobris* 1736. " Ce sont là,
me dira-t-on, des complimens
litteraires. Mais quoi ! les Gens
de Lettres ne doivent-ils se parler
que par injures ?

VII.

Sur les disgraces qu'essuya
Galilée, pour avoir sou-
tenu que le Soleil est placé
dans le centre ou foyer
commun de notre Mon-
de Planétaire, & que la
Terre tourne autour de
lui.

Vouloir dire aux hommes la
vérité, quelque avantageuse qu'elle puisse leur être, c'est s'attirer

de la part des hommes toutes fortes de mauvais traitemens. Galilée en eſt un triſte exemple ; Galilée qu'on doit regarder comme
un des reſtaurateurs de l'eſprit
Philoſophique. Je pourrois me
citer, s'il étoit permis ſans une
eſpece de vanité, de ſe citer ſoi-
même. *Oportet unumquemque*, dit
le jeune Pline, *de mortalitate aut
immortalitate ſuâ ſentire.*

Comme ce *Recueil de différens
Traités de Phyſique & d'Hiſtoire
Naturelle* eſt ſuſceptible d'accroiſ-
ſemens, j'eſpere chaque année le
groſſir d'un nouveau Volume. Le
deſir d'être utile au Public me
touchera plus que celui de l'amu-
ſer. Qu'il ſeroit à ſouhaiter que
tant d'Auteurs capables de réuſſir,
euſſent le noble courage de penſer de la même maniere !

APPROBATION.

APPROBATION.

J'Ai lû par l'ordre de Monseigneur le Chancelier, un Manuscrit intitulé, *Recueil de différens Traités de Physique & d'Histoire naturelle*, & il m'a paru que l'impression en seroit utile. A Paris ce 7. Juin 1747.
Signé, CLAIRAUT.

PRIVILEGE DU ROI.

LOUIS, par la grace de Dieu, Roi de France & de Navarre, à nos amés & féaux Conseillers les Gens tenans nos Cours de Parlement, Maîtres des Requêtes ordinaires de notre Hôtel, Grand - Conseil, Prevôt de Paris, Baillifs, Senéchaux, leurs Lieutenans civils, & autres nos Justiciers qu'il appartiendra, SALUT. Notre amé JACQUES-FRANÇOIS QUILLAU, fils, Libraire à Paris, Nous a fait exposer qu'il desireroit faire imprimer & donner au Public des Ouvrages qui ont pour titre, *Pensées & Sentimens sur divers traits de la Vie de Jesus-Christ*; & *Recueil de différens Traités de Physique & Histoire naturelle*, propre à perfectionner ces deux Sciences, s'il nous plaisoit lui accorder nos Lettres de Privilége pour ce nécessaires. A ces causes, voulant favorablement traiter l'Exposant, Nous lui avons permis & permettons par ces Présentes, de faire imprimer lesdits Ouvrages, en un ou plusieurs Volumes, & autant de fois que bon lui semblera, & de les vendre, faire vendre & débiter par tout notre Royaume, pendant le tems de neuf années consécutives, à compter du jour de la date des Présentes. Faisons défenses à toutes personnes, de quelque qualité & condition qu'elles soient, d'en introduire d'impression étrangére dans aucun lieu de notre obéissance; comme aussi à tous Libraires, Imprimeurs & autres, d'imprimer, ou faire imprimer, vendre, faire vendre, débiter, ni contrefaire lesdits Ouvrages, ni d'en faire aucuns extraits, sous quelque prétexte que ce soit, d'augmentation, correction, changement, ou autres, sans la permission expresse & par écrit dudit Exposant, ou de ceux qui

auront droit de lui, à peine de confiscation des Exemplaires contrefaits, de trois mille livres d'amende contre chacun des contrevenans ; dont un tiers à Nous,
un tiers à l'Hôtel-Dieu de Paris, & l'autre tiers audit
Exposant, ou à celui qui aura droit de lui, & de tous
dépens, dommages & intérêts. A la charge que ces
Présentes seront enregistrées tout au long sur le Registre
de la Communauté des Libraires & Imprimeurs de Paris, dans trois mois de la date d'icelles ; que l'impression desdits Ouvrages sera faite dans notre Royaume,
& non ailleurs, en bon papier & beaux caractéres,
conformément à la feuille imprimée & attachée pour
modéle sous le Contre-scel des Présentes ; que l'Impé-
trant se conformera en tout aux Réglemens de la Li-
brairie, & notamment à celui du 10. Avril 1725. qu'a-
vant de les exposer en vente, les Manuscrits qui auront
servi de copie à l'impression desdits Ouvrages, seront
remis dans le même état où l'Approbation y aura été
donnée, ès mains de notre très-cher & féal Chevalier
le Sieur Daguesseau, Chancellier de France, Com-
mandeur de nos Ordres, & qu'il en sera ensuite remis
deux Exemplaires dans notre Bibliotheque publique,
un dans celle de notre Château du Louvre, & un dans
celle de notredit très-cher & féal Chevalier le Sieur
Daguesseau, Chancellier de France : le tout à peine de
nullité des Présentes. Du contenu desquelles vous man-
dons & enjoignons de faire jouir ledit Exposant, ou ses
ayans cause, pleinement & paisiblement, sans souffrir
qu'il leur soit fait aucun trouble ou empêchement.
Voulons que la Copie des Présentes, qui sera imprimée
tout au long au commencement ou à la fin desdits
Ouvrages, soit tenue pour dûement signifiée, & qu'aux
Copies collationnées par l'un de nos amés & féaux
Conseillers & Secretaires foi soit ajoutée comme à
l'Original. Commandons au premier notre Huissier ou
Sergent sur ce requis, de faire pour l'exécution d'icelles
tous Actes requis & nécessaires, sans demander autre
permission, & nonobstant Clameur de Haro, Charte
Normande, & Lettres à ce contraires. Car tel est notre
plaisir. Donné à Paris, le huitiéme jour du mois de
Juillet, l'an de grace mil sept cent quarante-sept, &
de notre Régne le trente-deuxiéme. Par le Roi, en son
Conseil. *Signé*, SAINSON, *avec paraphe.*

*Registré sur le Registre onze de la Chambre Royale des Li-
braires & Imprimeurs de Paris N°. 814. fol. 717. conformément aux anciens Réglemens confirmés par celui du 28. Février 1723. A Paris le 14. Juillet 1747.*

G. CAVELIER, Syndic.

TABLE.

DE L'IMPRIMERIE DE J. B. COIGNARD,
IMPRIMEUR DU ROI.

TRAITÉ

SUR LA MANIERE

de conserver les Grains,
& de faire des Greniers
publics; avec des Obser-
vations qui développent
la structure intérieure, &
le caractere de ces Grains.

A

Nisi utile est quod facimus, stulta est gloria.

Phæd. Fab. Lib. 3°.

TRAITÉ

SUR LA MANIERE

de conferver les Grains, & de faire des Greniers publics ; avec des Obfervations qui développent la ftructure intérieure, & le caractere de ces Grains.

L y a quelques années que j'eus occafion de vifiter dif-férens Greniers, & de faire des remarques importantes, tant fur les Grains qui y étoient ren-fermés, que fur les Infectes qui les dévoroient en grand nombre. Ces re-marques furent envoyées à des per-fonnes en place, très-zélées pour la Patrie, & qui regardent le foulage-ment des Peuples comme un de leurs

principaux devoirs. Je fus vivement
preſſé de ne point diſcontinuer ce travail, & d'ajoûter même des réflexions
plus approfondies à celles que j'avois
dejà faites. Mon goût, une premiere
réuſſite, l'envie de ſçavoir ſi intéreſ-
ſante pour tout Phyſicien, ne pouvoient manquer de s'accorder avec
de telles ſollicitations. Je me mis donc
à rechercher tout ce qui me parut
avoir rapport à une matiere, qui
touche ſi particulierement le bien public : je conſultai pluſieurs Négocians
qui font le trafic des Grains, tant au
dedans qu'au dehors du Royaume :
j'empruntai le ſecours du Microſcope,
quand mes yeux ne pouvoient plus
me ſervir : enfin, je fis un grand nombre d'expériences, dont quelques-unes
auront peut-être le mérite de la nouveauté. Tout cela joint enſemble a
produit un ouvrage, dont je me flatte
qu'on pourra tirer une aſſez grande
utilité ; ce que je ne dis point, pour
vanter quelques foibles découvertes, mais pour ſatisfaire à l'intérêt
que tout honnête homme doit prendre à la félicité publique,

*Si quid Patriam erga bene feci, aut
   consului fideliter,
Non videor meruisse laudem, culpâ
   caruisse arbitror.*

Une chose seulement dont je dois
avertir ici, c'est que j'ai disposé mes observations de maniere qu'elles pourront
faciliter l'établissement des Greniers
publics & Royaux, en cas qu'on veuille
travailler à un établissement si avantageux. Personne n'ignore que le projet en
a été formé par tous les Princes & tous
les Ministres, qui ont eu à cœur le bien
de l'Etat, & qui ont cherché à profiter des années d'abondance, pour diminuer ensuite les calamités publiques
dans les années de disette. Je trouve
même que Louis le Debonnaire est le
premier de nos Rois qui ait donné sur
cela des ordres très-précis, pendant
cette longue famine qui affligea son
régne, & qui ayant commencé en
823. fut suivie d'un déluge de maladies pestillentielles. Mais ces ordres
ne furent point exécutés ; & le noble
projet de bâtir des Greniers publi-

eſt demeuré juſqu'ici ſans effet : ce qu'on ne doit pas attribuer à la legereté trop connue des François, qui abandonnent bientôt ce qu'ils ont entrepris de plus utile ; mais à la nature même de la choſe où il s'eſt trouvé différens obſtacles, qu'on ne s'eſt pas aſſez efforcé (1) de vaincre.

Ces obſtacles ſe peuvent réduire à un petit nombre : & je vais en dire naïvement ma penſée, non pour les anéantir tout-à-fait, mais pour les retrancher de beaucoup. Car on ne doit pas ſe flater dans des établiſſemens un peu conſidérables, de ne trouver aucunes difficultés : il ſuffit que celles qu'on trouve , puiſſent être heureuſement ſurmontées.

(1) Il y a longtems qu'on a dit que la France étoit le pays des projets, & non de l'exécution. Tout le monde y invente, tout le monde y propoſe des choſes nouvelles, & rien ne réuſſit. Combien de Manufactures tombées preſque auſſitôt qu'annoncées ! Combien d'établiſſemens qui ont enſeveli ſous leurs ruines, ceux qui en étoient les promoteurs ! A peine les avoient-ils vû naître. Ces établiſſemens ſe détruiſoient.

Labor improbus omnia vincit.

En effet, comme l'avance M. Descartes dans son excellente Méthode:
*Il ne peut y avoir de choses si difficiles
dont on ne vienne à bout, ni de si éloignées auxquelles enfin on n'arrive, ni
de si cachées qu'on ne découvre.*

I.

Du choix des Grains.

LE Blé & en général les Grains néceſſaires à l'uſage de la vie, ne ſont pas tous également de garde. Ceux qui naiſſent dans les pays froids, ſe corrompent & ſe moiſiſſent (1) plus vîte, que ceux qu'on recueille dans les pays chauds. Ils ſont d'ailleurs ſujets à être dévorés par une infinité d'inſectes plus dangereux les uns que les autres, qu'il eſt ſouvent difficile d'appercevoir, plus difficile encore de faire mourir. A quoi peut-on

(1) Les Moſcovites ne ſerrent leurs Blés dans les Greniers, qu'après les avoir fait chauffer pluſieurs jours de ſuite. Ils prétendent par-là, diſent les Tranſactions Philoſophiques, ſuppléer au peu de cuiſſon & de nourriture que reçoivent ces Blés dans la terre, où ils ne ſéjournent que trois mois. Leurs Greniers reſſemblent à des cones tronqués, dont l'ouverture forme un rond de trois pieds de diametre, & ils vont enſuite en s'élargiſſant. Les côtés ſont enduits d'un bon ciment.

attribuer cette différente qualité des
Grains, si ce n'est à la différente assiette
des lieux , qui sont plus ou moins
échauffés par les rayons du soleil ,
plus ou moins rendus fertiles ? On
sçait que ces rayons diminuent de force & d'activité , à mesure qu'ils tombent plus obliquement sur la terre ,
les angles d'incidence étant comme
leurs sinus , & qu'ils sont interceptés
par une plus grande masse d'air : c'est
ce qui arrive dans les Zones glaciales , & en partie dans les tempérées.
Les Physiciens d'ailleurs ont fait deux
observations considérables, par rapport
à ce qui regarde ces Zones. La premiere , c'est que les années humides
& pluvieuses y sont beaucoup plus
communes que les années seches ; &
que les mois où il pleut davantage ,
sont ceux de Juin , Juillet & Août ,
ceux précisément où il faudroit une
chaleur plus uniforme & plus conti-
nuée. La seconde, c'est que pendant l'été
le plus grand froid du jour régne vers
le lever du Soleil , & que pour l'ordinaire ce froid fait descendre plus sen-
siblement la liqueur du Thermometre,

que le chaud de l'après-midi ne la fait monter. Cette derniere obſervation ſe vérifie ſur-tout dans les endroits qui ſont voiſins de la mer, ou entre-coupés de quelques rivieres. Eſt-il étonnant après cela que les Grains ne reçoivent point toute la cuiſſon qui leur eſt néceſſaire, tous les apprêts qu'ils exigent, pour parvenir à une entiere maturité ?

Que le défaut de Soleil, ou plutôt de chaleur, puiſſe diminuer la qualité des Grains, rien n'eſt plus aiſé à concevoir : & l'expérience le démontre chaque jour. Combien de plantes tranſportées d'Aſie & d'Amérique en Europe, ont elles perdu tout ce qu'elles avoient de mérite dans la Médecine ? Combien d'arbres ont-ils décru de force & de hauteur, en paſſant d'un climat chaud dans un autre plus froid ? (1) Il ſembloit qu'en les éloi-

(1) Non ſeulement les arbres & les plantes, mais encore les animaux changent de nature, quand on les tranſporte d'un pays froid à un pays chaud, ou qu'on les obſerve dans deux années de température différente. Le venin de la Tarentule, par exemple,

gnant de leur air natal, on se faisoit
un plaisir de les dégrader, de ruiner
peu à peu leur tempérament. Et pour
rapporter ici quelque chose qui nous
touche de plus près, je dirai que nous
avons en France même des plantes,
qui d'une Province à l'autre ne sont
plus reconnoissables, qui perdent toute
leur réputation. Tel est le Pastel, ou
l'*Isatis sativa vel latifolia C. Banh.* qui
fournit dans le haut-Languedoc une
teinture propre à mettre en bleu toutes sortes d'étoffes, & qui n'a point
en Normandie la même substance, ni
les mêmes qualités, faute du degré
de chaleur nécessaire pour bien cuire
& mûrir ses feuilles. Tel est encore

qui est si dangereux dans les plaines arides
de la Poüille, ne l'est presque point dans
les Provinces voisines. La piquûre empoi-
sonnée du Scorpion est plus meurtriere aux
environs de Tunis que dans la Poüille, &
dans la Poüille qu'en Provence. On rapporte même dans les Transactions Philosophiques, que si l'on est piqué de la Tarentule un jour froid, le venin demeure ca-
ché, & ne se développe que lorsque l'air
est plus échauffé, quelquefois quinze ou
vingt jours après.

A vj

le Napel, ou l'*Aconitum cæruleum seu Napellus J. C. Bauh.* dont la racine sur - tout est un poison très - dangereux dans les Provinces Méridionales du Royaume, & qui en Bretagne ne cause aucun mauvais effet, même entre les mains des vieillards & des enfans. Plus on avance vers le Nord, moins l'Aconit bleu ou le Napel est nuisible. On y mange même ses feuilles en salade, pour se reveiller l'appetit. Je pourrois rapporter beaucoup d'autres exemples semblables : mais il n'y a point de Physicien qui n'en soit prévénu, & qui ne sçache que l'ardeur du Soleil, jointe à la nature particuliere de chaque terre, peut rendre la féve susceptible d'une infinité de modifications (1) différentes.

(1) Le Tithymale purge les hommes avec beaucoup de violence. Son suc est âcre & mordicant. Cependant les Chevres, & presque tous les autres animaux, broutent cette plante avec plaisir. Elle les ranime, & leur donne une vigueur nouvelle. D'un autre côté, elle ennivre & empoisonne les poissons. J'ajouterai ici que le persil & les amandes ameres tuent les oiseaux, & servent aux hommes de nourriture.

Dans quelques-unes de nos Provinces, quand les années font trop plu-
vieufes, & qu'il y tombe fouvent de
cette efpece de brouillard gras, que
les Laboureurs & les Jardiniers nomment Nielle, tous les Grains dégéné-
rent. Le Seigle principalement fe cor-
rompt à tel point, que l'ufage du pain
dans lequel il entre, devient perni-
cieux & caufe la cangrene. Ce Seigle
ainfi altéré s'appelle *ergot* en Solo-
gne, & *blé-cornu* en Gâtinois.

Une preuve certaine de ce que je
viens d'avancer, c'eft que les Grains
qu'on tranfporte d'Afrique, & fur-
tout des environs de Tunis & d'Alger, fe confervent plus longtems en
France que ceux qui y naiffent. Il eft
vrai que les Négocians de Provence,
qui font le plus grand trafic de ces
Grains, les portent ordinairement à
Genes, d'où ils fe répandent, comme
d'une fource fertile, dans tout le refte
de l'Italie. Mais il feroit aifé avec
quelques précautions de rendre ce
commerce plus utile au Royaume, &
même de l'augmenter confidérablement. A Malthe, on garde plufieurs

années de suite les Grains qu'on fait venir de Sicile, & on en a toujours une abondante provifion, crainte de quelque rupture inopinée, & de quelque fiége de la part des Turcs.

A la bonté des Grains qu'on tire d'Afrique, fe doit joindre encore leur fécondité. Un boiffeau de froment femé en bonne terre, (& il en faut deux & demi pour un arpent,) y produit d'ordinaire plus de cinquante boiffeaux d'augmentation chaque année, du moins à ce que rapportent Pline le Naturalifte, & M. Caton, *de Re Ruftica.* Pline ajoûte, qu'un des Intendans d'Augufte lui envoya d'un canton d'Afrique, où il réfidoit de fa part, une curiofité affez furprenante : c'étoit un pied qui contenoit 400 tiges, toutes provenues d'un feul & même grain de blé. Neron, le barbare Neron, reçut un préfent à peu près femblable : c'étoit un autre pied qui en contenoit 360. Si Pline n'a point impofé à l'égard de ces deux faits, (reproche qu'il s'attire affez fouvent,) on peut dire que ce font là de ces phénomenes curieux, où la Nature

signale son excessive libéralité. Les
choses ont bien changé depuis. Car
suivant le rapport exact d'un Voyageur Anglois nommé Thomas Shaw,
& dont l'ouvrage est intitulé, *Travels
or Observations Relating to several Parts
of Barbary*, &c. un boisseau de froment ne rapporte aujourd'hui que
douze, ou tout au plus que dix huit
boisseaux, encore suivant le terrain.
Et pour ce qui est de la fécondité, un
grain ne produit que douze, quinze
& vingt tiges, quelquefois cinquante : mais cela est extrémement rare.

En France, il n'y a rien de décidé.
Mais on peut dire en général que dans
les terres médiocres, un boisseau de
Blé trié & choisi rend deux & trois
boisseaux ; dans les bonnes terres,
huit & dix ; dans les meilleures douze, & par extraordinaire quinze. Mais
tout cela est sujet à des variations infinies.

Les Romains qui étoient si sages,
si précautionnés, si attentifs à la con-
servation des peuples, tiroient tous
leurs Grains d'Egypte, ou par les dé-
bordemens réglés & salutaires du Nil,

il s'en faisoit une prodigieuse recolte.
Tous les ans, il partoit d'Alexandrie
une flotte considérable qui apportoit
des Blés à Rome, & que pour cette
raison on nommoit sa nourrice. Ces
Blés se conservoient aussi longtems
qu'on le jugeoit à propos; & par une
qualité si avantageuse, ils étoient pré-
férés à ceux mêmes d'Italie. De-là
venoit que les Romains regardoient
l'Egypte comme une de leurs plus riches, une de leurs plus importantes
conquêtes : & l'Egypte à son tour se
vantoit fierement que, toute asservie
qu'elle étoit, ses vainqueurs ne pouvoient se passer d'elle. Ce n'est pas
que les Romains n'eussent des Greniers publics; ils étoient trop éclairés
pour en avoir méconnu les avantages : mais ils les reservoient pour les
Blés qui se recueilloient en Italie. La
construction de ces Greniers avoit été
proposée pendant la magistrature de
Tiberius Gracchus, ce Tribun si af-
fectionné aux intérêts de la Republique : & son frere Caïus s'étant chargé du soin de les faire bâtir, il con-
duisit lui-même l'ouvrage , & l'acheva

avec une magnificence & une promtitude dont les Romains feuls étoient capables.

Tout cela pofé, je dirai naïvement que pour faire des Greniers publics, il feroit convenable & à propos de s'affujettir aux deux précautions fuivantes. La premiere, de n'y mettre que des Blés (1) tirés des Provinces Méridionales : & comme elles en pourroient fouffrir, & que les marchés deviendroient deferts au dommage & à la ruine du peuple, rien n'empêche qu'on ne rende d'une Province à l'autre denrées pour denrées, & qu'on ne faffe des échanges convenables. C'eft à quoi les Intendans & leurs principaux Subdélégués pourroient veiller

(1) M. le Marquis de Sancta - Cruz, à qui nous devons d'excellentes *Réflexions Politiques & Militaires*, remarque que dans les Afturies & dans la Galice, les Blés ne fe confervent au plus que d'une année à l'autre : l'humidité les pourrit d'abord. Tout au contraire, les Blés qui viennent de la Caftille, fe gardent parfaitement bien plufieurs années de fuite : & ce font les feuls qu'on puiffe mettre dans les Greniers en Efpagne.

sans peine : & il me semble que cet objet, d'où dépend une partie de la félicité publique, seroit digne de toute leur
vigilance & de toute leur habileté.

On sçait par le Détail de la France,
& par les Mémoires approfondis de
feu M. le Maréchal de Vauban, que
jusqu'ici il n'y a point eu d'année si
mauvaise dans le Royaume, qu'elle
n'ait fourni assez de Blés pour nourrir
tous ses habitans : & si des Provinces
entieres ont été exposées à une disette
fâcheuse, & aux maux qu'elle traîne
à sa suite, c'est par l'avidité & les manieres artificieuses de quelques Mo-
nopoleurs, qui avoient secrettement
détourné les Grains. Quels crimes ! &
de quelles punitions ne sont-ils pas
dignes ! L'Ecriture Sainte paroît
avoir prescrit elle-même ce qui doit
être exécuté sur cette matiere, en rap-
portant les mesures prises par Joseph, pour éviter les sept années de
stérilité dont l'Egypte étoit ménacée.
Il est à propos, disoit-il, *que tout le Blé*
se garde & se serre dans les Villes ; mais
qu'il demeure sous la puissance du Roi,
c'est-à-dire, du Pere des peuples, de

celui qui eſt véritablement obligé de les ſecourir.

La ſeconde choſe, & ſans contredit la plus utile, ſeroit de préférer aux Blés du Royaume, ceux qu'on pourroit tirer d'Afrique par un commerce réglé. Le Roi ſeul, ſuivant ce que je viens de dire, feroit ce commerce, de peur qu'il ne devint frauduleux & inique entre les mains des Négocians ſubalternes : & pour y réuſſir, il faudroit travailler à rendre plus avantageux & plus ſolide l'établiſſement dejà commencé au Baſtion de France & à la Calle : ce qui demanderoit de l'adreſſe & des ſoins, à cauſe de la jalouſie des Infidéles, toujours en garde contre les Européens. On prendroit enſuite le parti de faire conſtruire à Toulon & à Marſeille des fluttes d'une grande capacité, & qui tiraſſent en même tems peu d'eau. Ces fluttes iroient en Barbarie chercher des Blés ; & ſans ſe conſumer en frais extraordinaires, elles paſſeroient inconti-nent le Détroit de Gibraltar, afin de les venir décharger à Rouen & à Nantes. La navigation, en prenant

bien son tems, ne seroit ni longue
ni périlleuse. Les Officiers préposés
pour recevoir ces Grains, après un
examen impartial & réfléchi, les feroient transporter dans les Magasins
publics & Royaux. On juge bien que
ces Magasins doivent être placés à
l'embouchure des grandes rivieres,
afin que les Blés se répandent commo-
dément dans les Provinces éloignées
suivant le cours des marchés, & suivant qu'ils sont plus ou moins fournis,
que l'abondance ou la disette y régnent.

Je remarquerai en passant, que
les François n'ont tiré jusqu'ici des
Grains que des Royaumes de Tunis
& d'Alger. Ce commerce est défen-
du dans ceux de Fez & de Maroc, à
moins qu'on ne donne en échange de
la poudre, des armes, & d'autres munitions de guerre : ce que les Princes
Chrétiens (1) ont à leur tour intérêt

(1) On a toujours regardé en France
comme une faute inexcusable, le trafic des
provisions de guerre avec les Mahometans :
& un des prétextes dont on se servit pour
perdre le fameux Jacques Cœur, Argentier
de Charles VII. & celui qui manioit toutes ses finances, ce fût qu'il avoit vendu

de refufer. Cependant les Anglois font venir quelques Blés de Tanger, depuis qu'à la honte & au préjudice de la France & de l'Efpagne, ils font maîtres de Gibraltar.

A l'égard des particuliers, ils ne doivent faire aucuns amas de Grains, lorfque les années ont été trop humides, & qu'il a plû confidérablement. Ces Grains s'altérent bientôt, & contractent je ne fçai quoi de gluant & de vifqueux ; de maniere que quand on en veut prendre une poignée, ils ne coulent point fur la main, & s'arrêtent entre les doigts. La même chofe arrive aux Blés qui ont été mouillés d'eau de mer, quelque foin qu'on prenne enfuite de les faire fécher : & cette expérience mérite d'autant plus d'attention, qu'elle peut fervir à dévoiler beaucoup de fraudes & d'abus. Pour ce qui regarde les années com-

des armes aux Sarrafins. Les Anglois n'ont pas toujours eu la même délicateffe. Car fçachant de quelle importance la paix avec Alger eft pour le commerce de la Grande-Bretagne, ils l'achetent fouvent, en livrant aux Algeriens des provifions de guerre.

munes, les Grains qu'on y recueille, se conservent affez longtems en France, fur-tout fi on les renferme dans des Magafins propres à les défendre de l'humidité. Et il eft à propos d'avoir continuellement l'œil fur ces Magafins, même de les renouveller fouvent : la moindre négligence leur deviendroit funefte.

J'appelle années communes celles où les Phyficiens ont remarqué qu'il tombe 19 à 20 pouces d'eau de pluie en hauteur, & où les vents du Nord régnent fréquemment. Les parties nitreufes que ces vents charrient, jointes aux rayons de lumiere, fervent beaucoup à la fertilité de la terre, & à la végétation des plantes. Les années humides font celles où il tombe 25 à 26 pouces d'eau, & où les neiges qui abondent, fur-tout au mois de Février, font déborder les grandes rivieres. (1)

(1) Tous les Phyficiens fçavent que la neige eft exagone, & que les fix rayons dont chaque floccon eft compofé, paroiffent au Microfcope comme autant de petites branches garnies de feuilles. Quelques floccons mêmes forment une efpece de fleur régulierement découpée.

I I.

De la maniere de construire les Greniers.

APrès avoir parlé du choix des Grains, qui demande l'attention la plus exacte & la plus scrupuleuse, l'ordre veut que je parle de celui des Greniers, ou des lieux propres à les serrer. Cette partie de mon sujet n'est pas la moins intéressante. *Neque enim,* dit Columelle, *satis est possidere velle, si colere & servare non possis.*

Les meilleurs Greniers seroient sans doute des souterrains creusés dans le roc, & impénétrables à l'air & à l'eau. Les Anciens, qui n'oublioient rien de ce qui regarde l'ordre public, avoient en divers lieux de ces sortes de souterrains, où ils gardoient leurs Blés. Voici ce qu'en dit Pline. *Utilissimè tamen servantur in scrobibus quos siros vocant, ut in Cappadociâ & in Thraciâ. In Hispaniâ & Africâ, ante omnia ut ficco folo fiant curant : mox ut paleâ fubfternatur. Præterea cum fpicâ fua conduntur.* On en voit auffi de cette efpece dans quelques-unes de nos Citadelles. Ces Magafins étant une fois remplis de Blés de choix, on ne les ouvriroit plus que lorfqu'on auroit pris la réfolution de confommer les mêmes Blés. J'ai des expériences certaines qu'ils peuvent de cette maniere fe garder des fept & huit ans de fuite : & le hazard a fait découvrir à Amiens & à Trèves des foûterrains, où il y en avoit de renfermés depuis un très-grand nombre d'années. Ces Blés n'étoient point altérés ni moifis. La raifon en eft, que l'air extérieur n'avoit pû les frapper, ni introduire dans ces foûterrains de petits œufs d'infectes, qui ne demandent qu'un lieu propre à éclorre & à fe développer. Par les expériences faites, tant en Angleterre, qu'en France, on a reconnu que les corps les plus fujets à fe décompofer & à fe corrompre au grand air, ne changeoient point dans le vuide : tels font le beurre, la viande qui n'eft point falée, les fleurs, les fruits.

fruits. J'ai vû se conserver dans une Machine Pneumatique, dont on avoit exactement tiré tout l'air, des fraises & des framboises pendant quatre mois.

Tout ce qu'on pourroit m'objecter au sujet de ces sortes de Magasins, si pourtant cette objection mérite d'être rélevée, c'est qu'ils coûteroient à bâtir des sommes considérables. J'en tombe d'accord, & j'avoue de plus qu'il faut des Princes riches & puissans, pour entreprendre de pareils ouvrages. Mais doit-on rien épargner, quand il s'agit du bien public ? N'est-ce point là le principal objet d'un gouvernement sage & éclairé ? On montre auprès du Vieux-Caire une grande enceinte de murailles, que les Turcs appellent encore aujourd'hui les Greniers de Joseph. Ils ont soin d'y tenir en tout tems une abondante provision de Légumes & de Grains. Quoique cet ouvrage ne soit pas vrai-semblablement du Patriarche dont il porte le nom, tous les Voyageurs conviennent cependant qu'il en est bien digne, & qu'il donne l'idée d'un Prince bienfaisant , d'un Titus , ou d'un Marc-Antonin, d'un Louis XII.

Dans toute l'Afrique, il y a des puits très-profonds , creusés au milieu des rochers, & qui sont secs en tout tems : les Arabes les nomment *Matamores*. L'entrée de ces puits est fort étroite : à peine un homme qui se courbe & se gêne, y peut-il passer. Mais ils vont en s'élargissant, & ils peuvent bien avoir au fond trente-cinq pieds de diametre : c'est là leur grandeur ordinaire. Quand ces puits sont tout prêts, & qu'ils ont été nettoyés avec soin, on y répand de la paille seche & hachée, pour en tapisser le fond & les côtés. On y fait couler ensuite les Grains qui ont été pendant quelques jours exposés au soleil, & on attend que le puits soit comble pour le fermer : ce qui se fait d'une maniere bien simple, en coupant de petits morceaux de bois qu'on entrelasse les uns dans les autres. On couvre le tout enfin avec du sable, sur lequel on jette quatre à cinq pieds de bonne terre en talus, afin que l'eau de pluie n'y séjourne point. Les Blés

ſur-tout ſe conſervent dans ces ſoû-
terrains un tems conſidérable, ſans ſe
gâter ni ſe corrompre. Il arrive même quelquefois que les Proprietaires,
qui ont tout à craindre ſous une do-
mination arbitraire & deſpotique, les
oublient, & qu'on ne les retrouve que
pluſieurs années après leur mort.

En Ukraine, & dans le grand Du-
ché de Lithuanie, les habitans ne ſerrent leurs Blés que dans des puits ſemblables. Mais ils ont ſoin de ne point
les ouvrir tout d'un coup, & de les
éventer ſagement, & par degrés : ſans
quoi, il en ſortiroit des exhalaiſons
(1) meurtrieres, & qui étoufferoient
tous ceux qui par ignorance ou par

(1) On ſçait par pluſieurs hiſtoires rap-
portées dans les Journaux Littéraires, que
quand on ouvre trop bruſquement, & qu'on
veut nettoyer des puits fermés depuis longtems, il en ſort des exhalaiſons empoiſon-
nées, qui quelquefois tuent les ouvriers qui
s'en approchent de trop près, quelquefois les
aveuglent pour tout le reſte de leur vie. Le
Docteur Mead, célébre Médecin Anglois,
dans l'ouvrage qu'il a intitulé, *Mechanica
Expoſitio venenorum*, nomme ces exhalaiſons ſouterraines, *venenoſi halitus intra cor-
pus inſpirando admiſſi.*

mégarde se trouveroient exposés à cette ouverture.

Quoique je donne la préférence à ces soûterrains, comme ils supposent de certains frais, on peut fort bien se servir à leur place des Greniers ordinaires, en corrigeant les défauts qui s'y trouvent. Ces défauts sont premiérement, l'humidité, qu'on ne peut guéres éviter dans les endroits où il y a plusieurs portes & plusieurs fenêtres; humidité qui doit peu à peu faire pourrir les Grains : en second lieu, un trop libre passage à l'air extérieur qui apporte un nombre infini d'œufs d'insectes, & les répand de toutes parts : troisiémement, l'usage où l'on est de laisser le Blé en monceau sur le plancher, & de mêler celui de deux recoltes toutes différentes, l'une seche, par exemple, & l'autre humide. On conçoit bien que quelques Grains malades & gâtés peuvent jetter la corruption dans tout le reste. Et combien est-il difficile d'apporter du reméde au mal dejà commencé, & qui cherche de plus en plus à se faire jour, à se communiquer?

Des trois défauts dont je viens de parler, les deux premiers peuvent s'éviter plus aifément que le troifiéme. Il ne faut pour cela que fe fervir des précautions connues de tous les Architectes ; mais par eux malheureufement trop négligées , fur-tout dans les Provinces. La principale de ces précautions eft de n'employer que du bois de chêne bien choifi & bien fec , tant pour les planchers, que pour la charpente du Grenier. Les carreaux de brique, & même ceux de marbre, ne conviendroient point à ces planchers ; & ils donneroient aux Blés je ne fçai quel goût défagréable , que les connoifleurs appellent goût de carreau. Les autres ménagemens & fûretés font de ne faire d'ouvertures dans les Greniers , du moins autant que cela fe pourra, que du côté de l'Eft, du Nord, & du Nord-Eft : d'avoir foin que les portes & les fenêtres joignent exactement, & dans cette vûe il eft à propos qu'elles s'ouvrent par dehors, & qu'on change un peu leur ftructure ordinaire : d'enduire de chaux vieille & affez éteinte, ou

d'un mortier compofé de lie d'huile
& de paille hachée, (1) duquel je parlerai plus au long dans la fuite, tous
les murs de ces Greniers : de ne point
fouffrir dans leur voifinage, ni écu-
ries, ni étables, ni forges, ni fours à
chaux, ni tout ce qui peut exhaler de
mauvaifes odeurs : d'empêcher enfin
que la pluie ne s'y infinue par quelque
défaut de la couverture, & que l'eau
croupie ne faffe germer les Grains ;
ce qui les perdroit abfolument. On
fait que l'humidité feule peut caufer
un tel effet, ainfi qu'elle fait fouvent
pouffer des racines aux oignons des
plantes bulbeufes, comme Lys, Nar-
ciffes, Impériales, Glaïeuls, quoique
ces oignons ne foient pas mis en
terre.

Pour prouver avec quelle facilité

---

(1) Jean Liebaut, Docteur en Médecine,
dont la Maifon Ruftique eft affez eftimée,
rapporte qu'au lieu de lie d'huile, il fe fervoit utilement de fuie de cheminée détrem-
pée dans de l'eau, & mêlée avec de la paille hachée. Il en compofoit un mortier,
dont l'enduit préfervoit les Greniers de
beaucoup d'inconveniens.

germent les Grains , j'emprunterai
un trait curieux des Nouvelles de la
Republique des Lettres. L'Observateur à qui nous devons ce trait (M.
Buissiere, Anatomiste François, Ré-
fugié en Angleterre pour cause de
Religion) étoit des plus habiles. Un
soldat Danois du Régiment de Zée-
lande, ayant avalé par hazard plusieurs grains d'Avoine , en fut vio-
lemment tourmenté. Comme son
mal augmentoit chaque jour , on
soupçonna à différens simptomes que
ces grains pouvoient avoir trouvé
dans son estomac quelque sédiment
de matiere tenace & glutineuse , & y
avoir pris racine. Un vomitif donné
à propos vérifia ce soupçon. On vît en
effet des grains d'Avoine qui avoient
germé , comme s'ils eussent été semés
en pleine terre ; mais qui n'avoient
produit que de la paille , encore très-
foible & très-menue.

A l'égard du troisiéme inconvé-
nient, ce qu'on peut imaginer de
plus simple & de plus facile, c'est de
faire un certain nombre de com-
partimens de planches pour séparer

les Blés, selon leurs qualités, & empêcher qu'ils ne se nuisent par leur
mêlange. Cette maniere n'a rien que
d'aisé à pratiquer. Si l'on veut agir
plus sûrement, & qu'on ne craigne
point une premiere dépense, on par-
tagera chaque Grenier en plusieurs
coffres qui soient fermes & solides,
éloignés l'un de l'autre d'environ deux
pieds ou deux pieds & demi, & capables chacun de renfermer une certaine quantité de Grains. Ces coffres
se peuvent construire de différente
façon. Mais ce que j'y trouve d'absolument nécessaire, c'est qu'ils soient
tous de planches de chêne bien jointes, bien unies, & recouvertes en
dedans de feuilles de fer-blanc. On
pourra se servir, pour diminuer la
dépense, de celles qu'on nomme de
petit modéle, & qui se fabriquent
dans le Royaume. Chaque coffre
étant isolé, s'il arrive que le Blé se
gâte dans l'un, les autres seront
exemts de corruption : & ainsi on ne
se plaindra point que tout un Grenier soit infecté. De plus, comme on
n'ouvrira ces coffres que l'un après

l'autre, on pourra diftinguer les Blés
fuivant les années de leur recolte, &
les confommer fucceffivement. Ce
qui n'arrive point dans les lieux où
tout fe trouve confondu, où rien
n'eft féparé. L'Auteur du *Théatre
d'Agriculture & Ménage des Champs*
parle de la coûtume où plufieurs
étoient de fon tems de tenir leurs
Blés renfermés *dans de grandes caif-
fes.* Ils y font, dit-il, non-feulement
à couvert de la pouffiere qui les mange, & du dégât que peuvent faire
les Chats, Rats (1) & Belettes,
mais ils fe confervent encore très-
longtems. D'ailleurs, on évite le

(1) Dans le Perou, & en général dans
toute l'Amérique Méridionale, les Blés
font dévorés par les Rats, dont le nombre
eft inconcevable. Le Pere Feuillée, dans
fon Journal des Obfervations Phyfiques,
Mathématiques & Botaniques, remarque
que l'entrepôs des Blés qu'on tranfporte au
Perou, & que les Vaiffeaux de Lima viennent fur-tout chercher, eft le Port de Co-
quimbo ; mais que les plaines fabloneufes
qui environnent ce Port, font fi remplies
de Rats, & fi percées de toutes parts, qu'il
eft impoffible d'y pofer le pied fans enfoncer.

trifte inconvenient *de mêler les Blés provenus de diverfes recoltes, & de les loger enfemble fans aucune diftinction.*

Il femble que cet affortiment de coffres feroit très-convenable dans les Maifons Religieufes, fi l'on vouloit y placer des efpeces de Greniers publics. Ces coffres fe trouveroient toujours fous les yeux attentifs des Magiftrats, & la diffipation n'en feroit point à craindre. En 1567. il y eut à Paris une grande famine, qui fut accompagnée de féditions & de revoltes. J. B. du Mefnil, Avocat Général, propofa au Parlement de faire établir quatre Greniers publics: le premier au Temple; le fecond à Saint Martin-des Champs; le troifiéme aux Céleftins; le quatriéme aux Chartreux. *Chaque Grenier,* difoit-il dans fa Remontrance, *feroit de* 7 *à* 800 *muids : & quand viendroit le mois de Mai, s'il y avoit cherté, on en débiteroit les Blés aux pauvres à prix raifonnable, finon aux Boulangers, qui n'en pourroient point cuire d'autres que ceux-là ne fuffent mangés. Cela empêcheroit* 5 *ou* 600 *Regrattiers d'aller acheter*

*les Blés sur le pied du Laboureur, &
d'affamer la ville de Paris.*

Il y a dans quelques Provinces un
usage particulier & qui mérite consi-
dération. Quand on y a fait un tas
de Blé, on en arrose légerement la
superficie avec de l'eau de chaux, &
on l'humecte jusqu'à ce qu'elle forme
une croûte dure. Cette manœuvre se
répéte plusieurs jours de suite : mais
rarement a-t'elle un succès favorable.
Car aussi-tôt que la croûte se seche,
il s'y fait plusieurs fentes & plusieurs
crevasses, qui donnent entrée aux petits animaux, dont les Grains sont as-
siégés : & ces animaux font d'autant
plus de ravages, que travaillant à
couvert, on s'en défie moins. Les Anciens avoient soin, quand les tas de
Blé étoient faits, de jetter par dessus
de la craie brisée en morceaux, de
celle qu'ils nommoient *Chalcidica*,
avec des feuilles d'absinthe séchée.

Dans quelques autres Provinces on
mêle des graines de millet avec les
Blés, parce qu'on y a remarqué que
les Charançons s'attachent par préférence à ces Graines. On a ensuite un
B vj

crible fait exprès, sur lequel on jette les Blés qui y sont retenus, & le millet, avec sa poussiere, passe au travers.

Dans toute la basse-Bretagne, les Blés se gardent d'une façon sûre & assez favorable. Lorsqu'ils sont coupés, on choisit un terrain d'environ cinq à six pieds de diametre, qu'on nettoie soigneusement, & qu'on applanit avec des rouleaux de bois. On prend ensuite les épis avec leurs tiges, qu'on arrange sur ce terrain, en observant de tourner les épis vers le centre: on les éleve ainsi les uns au dessus des autres jusqu'à la hauteur de neuf à dix pieds, & on charge le sommet de grandes mottes de terre. Ces sortes de magasins durent trois ans de suite, quand ils sont faits avec la diligence & l'exactitude qui leur sont dûes ; c'est-à-dire, quand il n'y a point de vuide entre les épis, & qu'ils sont bien entrelassés les uns parmi les autres. Sitôt qu'un endroit souffre quelque dommage, & qu'il s'y glisse des taupes & des mulots, tout le reste court de grands hazards.

On pourroit préparer ce terrain d'une maniere plus avantageuse, en y répandant de la lie épaisse d'huile, & après l'avoir quelques jours laissé reposer, en le battant avec des demoiselles, & le rendant égal. On y jettera ensuite de la lie d'huile plus claire, & on attendra que le tout soit bien sec. Un terrain ainsi ménagé sera exemt de fourmis, & de toutes sortes d'insectes. Il n'y croîtra même aucune herbe, ni aucune plante parasite.

En Suisse, & dans les villes d'Allemagne où il y a des Greniers publics, les gerbes se serrent toutes entieres, & on ne les bat en grange qu'à mesure de la consommation. Si par ce moyen on se ressent de quelque perte, elle est bien réparée d'ailleurs : les Grains se gardent plus longtems. Cependant nos habiles Marchands de Blés tombent d'accord qu'ils ne peuvent être en France conservés que trois mois dans leurs gerbes : après quoi, loin de prendre de *l'amendement*, ils commencent à dégénérer. Les habiles Boulangers tom-

bent également d'accord, que le Blé
battu frais fortant de la gerbe, ne fait
point de bon pain, & qu'il faut au
moins l'attendre un mois pour le convertir en farine. Mais chaque pays,
chaque ufage.

A Dantzic, où s'eft établi un grand
commerce de Grains, on a auffi fait
des Greniers extrémement commo-
des. Ils ont plufieurs étages placés
les uns au deffus des autres : & chaque étage a une ouverture, ou une
écoutille par laquelle defcendent les
Grains, de maniere que l'étage le
plus voifin du rez de chauffée étant
vuide, on y fait paffer ceux du fecond étage, & ainfi de fuite. En
même tems, on porte les Grains de
la derniere recolte dans l'étage le plus
élevé ; ce qui fe fait fucceffivement
d'une année à l'autre : & dans les in-
tervalles, on agite, on remue, on
crible les Grains des différens étages. De plus, ces Greniers font en-
vironnés de foffés, que la Viftule ar-
rofe continuellement ; & qui outre
plufieurs autres avantages, facilitent
l'approche des bâtimens qui viennent

à Dantzic prendre des Grains. Ce font principalement les Hollandois qui profitent de ce commerce utile, & qui ont un talent merveilleux, foit pour conferver les Blés, foit pour les raccommoder & les reffufciter, en quelque forte, quand ils font moifis & gâtés.

I I I.

Des Insectes qui rongent les Grains, & de la maniere de s'en préserver.

LEs Physiciens ont habilement observé, que chaque production de la Nature a ses ennemis particuliers, des animaux qui ne cherchent qu'à la détruire. Les arbres & les plantes en offrent, qui non seulement attaquent les feuilles, les fleurs, les fruits, les tiges; mais d'autres encore qui vivent sous terre, & rongent les racines. Les Grains se trouvent à peu près dans le même cas. Un nombreux essain d'Insectes ne vit qu'à leurs dépens, ne travaille qu'à leur ruine. Les uns étoient connus des Anciens sous le nom de *Curculiones*, ou *Gurguliones* : les autres n'ont été découverts que par les Modernes, sur-tout par l'ingénieux Antoine Lecuwenhoeck, & son Abbréviateur, Nicolas Hartsoeker. J'ajoûterai quelques remarques nouvelles à ce qui a été (1) dit avant moi.

Les Infectes les plus communs dans les Granges & les Greniers à Blé, font des Chenilles d'un genre particulier. Elles ne s'étendent (& il paroît que c'est avec quelque peine) que lorsqu'elles mangent, ou qu'elles marchent. Tout le refte du tems elles font roulées, & leur tête eft au milieu du tour, ou tour & demi de fpirale que forme leurs corps. Ces Chenilles, qu'il eft affez difficile de furprendre en cet état, font les plus petites que je connoiffe. Les unes ont quatorze pieds, & les autres feize. Leur couleur eft obfcure & foncée. Les vertes font affez rares, du moins en ce pays-ci : on'en trouve plus com-

---

(1) On a imprimé depuis la mort de M. Hartfoeker un Extrait critique, auquel il avoit longtems travaillé, des Lettres de Lecuwenhoeck. Cet Extrait ne doit point empêcher qu'on ne life les Lettres mêmes, & qu'on ne les life avec autant de plaifir que d'utilité : quoique parmi une infinité d'Obfervations rares & curieufes, il y en ait peut-être quelques-unes d'inutiles, ce hazardées, & même de fauffes.

munément dans ceux du Nord. Quand
ces Chenilles ont atteint un certain
âge & une certaine grandeur, elles
se retranchent, elles se renferment
au milieu des grains de Blé collés légerement les uns aux autres : & là,
elles filent une espece de soie, elles se
préparent des coques d'où sortent à la
fin des Papillons à quatre aîles ; mais
tous assez languissans, qui volent peu,
& qui s'attachent sans cesse aux murs
des Granges & des Greniers. On ne
sçauroit croire quelle est la fécondité
de ces Papillons, & combien les femelles jettent d'œufs, souvent avec
une gêne infinie, & combien encore
ces œufs, qui se tiennent en forme
de grappes, produisent à leur tour de
nouveaux Insectes. C'est là une génération presque continuelle, & qui loin
de souffrir aucun déchet, augmente
chaque jour.

Pour distinguer les Papillons mâles
des femelles, il faut recourir à la régle generale que la nature a établie :
c'est que parmi les quadrupedes, oiseaux & poissons, les mâles sont toujours plus grands & plus gros que les

femelles. Parmi les Infectes, au contraire, les femelles font plus grandes
& plus groffes que les mâles : ce qui
vient de la grande quantité d'œufs
dont elles font pleines, & que l'ac-
couplement du mâle, recherché par
elles avec grand foin, les force de répandre dans les lieux qu'elles ont auparavant préparés.

Les feconds Infectes qui gâtent le
Blé, peuvent fe rapporter au genre des
Scarabées, & font dans les Greniers
un bruit fourd & défagréable à entendre. Ces Infectes ont fix pieds, &
une tête affez groffe, eu égard au
refte du corps. De cette tête fortent
deux cornes en forme de tenailles,
& affez femblables aux ferres des
Ecreviffes. Rien n'eft plus léger, ni
plus vorace que ces animaux. Ils marchent avec tant de vîteffe, qu'on
pourroit croire qu'ils volent. Pour
moi, qui les ai étudiés foigneufement, je ne les ai jamais vû s'élever
de terre, ni grimper contre les murs.
Quelques-uns ont écrit qu'ils avoient
trois bouches, ce qui eft contraire à
la vérité : ils n'en ont qu'une, mais

très-grande & hérissée de dents. Leur couleur est cendrée, avec de petites rayûres blanches. Ce qu'il y a de plus remarquable en ces Insectes, ce sont les peines que se donne la femelle avant que de pondre. Elle choisit plusieurs grains de Blé, les plus gros & les plus succulens : elle les creuse un peu pour en faire un berceau, & elle dépose dans chacun un œuf. L'Animal qui en sort, trouve d'abord une nourriture convenable, & qu'il ne pourroit point s'apprêter lui-même. Jamais deux œufs ne se rencontrent dans le même grain ; & la raison, ce me semble, c'est que deux animaux ne pourroient y subsister ni vivre. La prévoyance de la mere supplée à leurs premiers besoins.

La troisiéme espece d'Insectes que j'ai remarquée, est un Ver très-mobile & composé de huit anneaux. On ne pourroit distinguer sa tête sans deux petites cornes rougeâtres en forme de ciseaux, qui s'en échappent. Ces cornes peuvent percer ; & en se croisant l'une sur l'autre, elles peuvent encore couper. On voit entre-

elles une petite trompe , d'où cet Infecte fait fortir plufieurs fils très-fins
& un peu gluans , par le moyen defquels il s'attache à tous les corps dont
il eft environné , & affûre fa marche.
Cette manœuvre reffemble affez à
celle des Araignées , avec cette différence, que les Araignées filent leur
foie par l'*anus*. Les Vers dont je parle , ne vivent guéres plus de deux
mois. En mourant , ils fe fendent dans
toute leur longueur : & après que cette
premiere enveloppe s'eft flétrie , il en
fort un Moucheron dont les aîles font
argentées; mais qui n'a rien au fur-
plus de rare ni de particulier. Ces
Moucherons s'accouplent en volant ,
comme les différentes efpeces de De-
moifelles , & produifent à leur tour de
nouveaux Vers. Swammerdam convient que rien n'eft plus admirable ,
que rien ne marque plus les reffour-
ces infinies de la Nature, que la maniere dont fe fait (1) cet accouple-
ment.

(1) Voici comme en parle Jean Rai dans
fon Hiftoire des Infectes imprimée à Londres en 1710. laquelle eft d'autant meil-

Voilà les trois sortes d'Insectes que j'ai observées dans les Granges & les Greniers, que j'ai pû visiter. Je ne doute pas que suivant les pays, & même suivant les années, il ne puisse y en avoir une infinité d'autres. Le célébre Voyageur, Jean Tavernier, a parlé d'une espece singuliere qu'il a trouvée en plusieurs endroits de la Perse & de la Turquie. Mais ce qu'il en dit est trop rapide & trop peu circonstancié pour le répéter ici. Peu de Voyageurs ont le tems & la patience d'observer : moins encore ont les talens nécessaires pour l'observation.

Les différens détails où je suis entré, font voir quels désordres doivent

leure qu'elle est plüs courte. *Masculus dum per aerem pervolans, in eodem libratus, innumeros pingit horsum & illorsum lundibundos mœandros... ineffabili dexteritate novit qui sua femella caudam porrigat : quam illa inter oculorum capitisque confinia receptam pedibus suis igneo amore tenerrimè complectitur, & benevolentiâ maritali blandiens, circumflectit naturalia sua, sita in extremâ caudâ, ad mariti sui virilia, in medio abdomine prominula, rorem genitalem defluentia.*

caufer dans un Grenier les Infectes
que je viens de décrire. Ceux qui ont
des cornes en forme de tenailles ou de
cifeaux, percent infenfiblement les bois
les plus épais, & fe creufent fouvent
un nid dans les vieux murs : ils n'é-
pargnent, ils ne ménagent rien fur leur
paffage. Beaucoup d'Artifans s'en plai-
gnent, comme les Boulangers, les Pa-
tiffiers, les Parfumeurs : une partie
des matieres qui s'emploient chez eux,
eft fort au goût de ces Infectes. Quand
ils entrent dans un Grenier, c'eft toujours par groffe troupe : aucune bar-
riere, aucun obftacle ne les arrête. Ils
entament à l'envi les uns des autres,
la petite enveloppe qui renferme chaque grain de Blé, & ils fe hâtent enfuite de le ronger : ce qui remplit
tout le Grenier de coffes ou de peaux
groffieres, qui ne produifent à la fin
que du fon, & qui infectent fans ref-
fource le bon Grain.

J'ai pris de-là occafion de faire deux
remarques importantes. La premiere
eft que le Blé qui naît dans les pays
chauds, fe gardent plus longtems que
tout autre, parce que la peau exté-

rieure qui l'enveloppe, acquiert une
très-grande dureté. Cette peau refiste
aux différens efforts que font les Infectes les plus opiniâtres, & les mieux
armés. Par la même raifon, le vieux
froment qui s'eft bien confervé, fe
conferve encore mieux que le nouveau, quand on les mêle enfemble.
L'un eft devenu trop fec & trop dur :
on ne peut facilement le déchirer ;
l'animal émouffe fes cornes en l'atta-
quant. L'autre eft beaucoup plus fou-
ple, plus tendre, plus humide : il s'ouvre, il cede prefque au premier coup
de dent. La feconde remarque, c'eft
que ces mêmes Infectes perçant les bois
les plus réfineux & les plus compactes,
j'ai jugé à propos de faire doubler les
coffres à grains de fer-blanc, pour
les préferver d'un péril trop prochain.
A la place de ce fer-blanc, on pourroit fe fervir de plomb coulé d'environ une ligne & demie, ou deux lignes d'épaiffeur. Je donnerois même
la préférence au plomb, par la propriété finguliere qu'il a de conferver
fecs (1) tous les corps qu'on lui confie.

(1) Ainfi que le plomb préferve de l'hu-
Pour

Pour les Chenilles , outre leurs dents dont elles se servent avec succès, elles se roulent sans cesse sur les tas de Blé , & semblent de cette maniere vouloir user la peau qui couvre chaque Grain. Mais comme cette peau est dure, il y a apparence qu'elles laissent aussi couler quelque liqueur âcre & brûlante, qui la pénétre peu à peu, & sert à la déchirer plus vîte. (1)

midité toutes les choses qu'il enveloppe , même la poudre à canon qui y est si sujette ; l'huile de son côté préserve de la corruption toutes les choses humides & succulentes, qui servent à la nourriture. C'est à quoi réussissent principalement les Anglois sur la mer, où ils gardent pendant cinq & six mois des morceaux entiers de Bœuf, Veau & Mouton plongés dans des jarres d'hui e.

(1) Un célébre Physicien a attaqué tout cet endroit, apparemment sur une lecture très-rapide. Je me flatte que, s'il veut bien se donner la peine de le relire , il changera de sentiment. Je n'ai jamais dit qu'il y eût dans les Greniers , des Chenilles de différens genres & de différentes classes . qui vinssent manger le Blé : je n'ai parlé que d'une seule espece que j'avois observée. J'ai sulement ajouté que, selon les pays, & même selon les années, il pouvoit y avoir d'autres sortes d'Insectes qui m'étoient in-

C

Quand ces Infectes fe font méta-
morphofés en Papillons & en Moucherons, ils paroiffent dans cet état
peu dangereux. Car effectivement ils
ne prennent alors aucune nourriture.
Mais comme c'eft le tems où ils s'accouplent, ils donnent lieu à une pro-
chaine génération : ils répandent un
nombre infini d'œufs, qui germent
dans la fuite. C'eft pourquoi il eft
d'une néceffité indifpenfable de les
pourfuivre en ce tems-là, & de tâcher
à les anéantir. J'ai trouvé, pour en venir à bout, deux moyens qu'on peut
regarder comme fûrs & infaillibles.
Le premier eft d'enduire de chaux les
murs de chaque Grenier, de bien manier la couche qu'on y met, d'avoir
enfuite des broffes dont on grattera
de tems en tems ces murs. Il eft aifé
de faire venir de pareilles broffes de
Hollande à peu de frais. Une attention fi légere empêchera que les Papillons ne puiffent s'y accrocher, & fe
joindre les uns aux autres. Car on fçait
qu'ils ne s'accouplent jamais, que

connues. Quoi de plus raifonnable ! Je
doute, & je n'affûre rien.

lorfqu'ils font arrêtés & en repos.

Les Anciens, au rapport de Caton & de Columelle, compofoient un mortier excellent de lie épaiffe d'huile & de paille hachée ; ils l'expofoient à l'air, jufqu'à ce qu'il eût acquis une odeur forte ; ils le tournoient après & le retournoient, pour le bien mêler enfemble. Ce mortier fervoit à couvrir tous les murs des Greniers, & principalement les trous & les fentes qui pouvoient s'y trouver. Ils arrofoient enfuite ce premier enduit de lie d'huile plus claire : & quand le tout étoit bien fec, ils rempliffoient les Greniers de Blés, qui jamais n'étoient attaqués par aucuns Infectes. Les Rats & les Belettes mêmes, que rebutoit cette incruftation défagréable, fe gardoient foigneufement d'y entrer.

Le fecond moyen eft de fufpendre dans chaque Grenier, à diftance égale, quatre ou fix lampes de cuivre, dans lefquelles on fera brûler tous les mois des mêches fouffrées. L'odeur & la fumée que répandront ces mêches, infiniment utiles & falutaires, feront périr fans faute tous les Scarabées & tous les Moucherons dont le grenier sera infecté. Mais il faut observer auparavant, soit qu'on ait renfermé le Blé dans des coffres, soit qu'on l'ait répandu en monceau sur le plancher, de le secouer, & de le remuer en tout sens avec des pelles de bois, de fermer ensuite portes & fenêtres, afin que la fumée ne s'échappe point du Grenier. On pourra même, si le besoin le demande, renouveller plus souvent cette fumigation, & on sentira à chaque fois combien elle est avantageuse & efficace. En général, rien n'est plus contraire aux Insectes, rien ne les détruit plus promtement, que le souffre brûlé. On en a des expériences dans toutes les campagnes, dans les lieux où il y a des débris & des décombres, dans les Hôpitaux, que la malpropreté rend encore plus tristes & plus dégoûtans que les miseres multipliées qu'on tâche d'y soulager.

De tems immémorial, on a employé, pour détruire les Insectes & nettoyer en quelque sorte l'air, diverses préparations de souffre brûlé. Toutes, au jugement de M. Halés, de la Société Royale de Londres, font également utiles. J'ajoûterai feulement, que les Anciens mêloient au fouffre plufieurs plantes deffechées, comme l'Origan, l'Abfynthe, le Romarin, la Jufquiame, &c. Mais ces acceffoires feroient très-peu d'effet, s'ils étoient feuls. Le principal eft la fumée acide du fouffre, comme le répete encore M. Halés, qui non feulement anéantit tous les Infectes, mais qui empêche encore leurs œufs d'éclorre. Cette fumée abforbe une partie de l'air, & détruit pour quelque tems fon élafticité : ce qui tue fans reffource tous les animaux, dont la ftructure eft telle qu'ils ont continuellement befoin d'un air frais & nouveau pour refpirer & vivre.

On peut encore appliquer à beaucoup d'autres ufages le fouffre brûlé, foit dans les villes, foit à la campagne. Mais comme ce détail me meneroit trop loin, je n'en indiquerai ici que deux, confirmés par plufieurs expériences que j'ai faites moi-même. L'un de ces ufages regarde les vaiffeaux qui reviennent de long-cours,

& qui font d'ordinaire infectés de
rats, de fouris & de quantité d'Infectes malfaifans. D'ailleurs, il y régne
une puanteur infupportable, & dont
les effets nuifent infiniment à la fanté
des équipages. Pour y remédier d'une
maniere certaine, il faut après le dé-
farmement allumer du fouffre ; 1°. dans
le fond de calle, en fermant les écou-
tilles & les couvrant de cuirs verts ;
2°. dans l'entrepont bien balayé auparavant, & qu'on aura foin de clorre,
baiffant tous les mantelets de fabords ;
3°. fous les gaillards, & même dans
les chambres des Officiers. Je ne parle
point des précautions à prendre contre le feu, *Gladiator in arenâ confilium
capit*, ni d'une autre précaution auffi
effentielle, qui eft d'empêcher qu'aucun matelot ne s'arrête dans le fond
de calle, ni dans l'entrepont, crainte
d'être fuffoqué par des vapeurs qui
portent la mort avec elles. L'autre
ufage regarde les maifons ancienne-
ment bâties, & qu'il eft à propos de
purifier avec le fouffre brûlé, avant
que de s'y loger. On en fera pour cela
allumer pendant plufieurs jours de
fuite, dans tous les appartemens, dans

les greniers, & même dans les caves, dont les portes & les fenêtres auront été auparavant fermées avec soin. Cette fumée ainsi conservée quelque tems, s'infinuera dans tous les coins & recoins de la maison, dans les crevaffes & les ouvertures, soit de la maçonnerie, soit de la charpente, & elle fera périr les différens animaux, & les insectes qui s'y font réfugiés. J'ai de cette sorte purgé en Bretagne un Château inhabité depuis plus de trente ans, & où l'on a établi une Manufacture utile à la (1) Province.

(1) Monfieur Halés, excellent Phyficien Anglois, qui a confacré toutes fes vûes & tous fes travaux à l'inftruction publique, a compofé deux ouvrages fur cette matiere : lefquels méritent d'être lûs. Dans l'un, il donne de curieufes Inftructions aux gens de mer, tant fur la maniere de rendre l'eau falée potable, que fur celle de conferver l'eau douce, le bifcuit, la farine & les légumes pendant les voyages de long-cours : dans l'autre, il propofe des foufflets de fon invention, pour renouveller facilement & en grande quantité l'air des Mines, des Prifons, des Hôpitaux, des Maifons de force & des Vaiffeaux. Mais ces foufflets deviennent fouvent plus embarraffans, qu'utiles.

IV.

Examen de la structure organique des grains de Blé, d'Orge, &c.

JE me flatte qu'on aura saisi sans peine tout ce que j'ai dit jusqu'à présent sur la maniere de conserver les Grains. La pratique n'en sera ni longue, ni épineuse, ni de grande dépense. Mais comme cette matiere me paroît très - importante, qu'elle est même peu connue des meilleurs Physiciens, je l'appuyerai encore de quelques remarques plus approfondies : le tout cependant sera traité de maniere, que la plus foible attention suffira pour en pouvoir profiter. *Date magnificentiam Deo nostro : Dei perfecta sunt opera, & omnes viæ ejus judicia.* Le méchanisme de la Nature mérite doublement notre attention, & parce que chacune de ses parties prise séparement renferme des beautés, dont le détail est inépuisable, & parce que tou-

tes les parties jointes ensemble paroissent dirigées à un seul & unique
but : ce qui forme le spectacle le plus
merveilleux, & le plus dignes de nos
regards.

Trois choses sont à observer dans
chaque grain de Blé, de Seigle, d'Orge, d'Avoine : 1°. son écorce, son
enveloppe extérieure, qui est plus ou
moins épaisse suivant les années, &
encore plus suivant les pays où il a
pris naissance ; 2°. le germe qui est ca-
ché dans le grain, & où la plante se
trouve représentée en petit ; 3°. la
matiere farineuse qui environne ce
germe, & qui doit servir à son accroissement & à sa nourriture. Tout
ceci est d'un détail infiniment curieux,
comme l'a fait voir M. Grew dans
son Anatomie raisonnée des Plantes.

Je ne parle point de la paille qui
sert de tige au Blé, au Seigle, à l'Orge, à l'Avoine. Rien cependant n'est
travaillé avec plus d'art, ni ménagé
avec plus d'œconomie, ainsi que l'a-
vouent tous les célébres Botanistes,
eux - mêmes frappés de ce merveilleux. Car premiérement, la hauteur

C v

de la tige mûrit par degrés, & affine
la feve qui doit se rarefier au point
de devenir une espece de fumée, de
même que le peu d'épaisseur de ses côtés empêche que le suc nourricier une
fois reçû dans la Plante, ne s'extra-
vase & ne s'altére. En second lieu,
la disposition de cette tige qui est ronde & creuse, sert à la rendre plus ferme, plus solide, plus difficile à être
rompue : elle lui donne en même tems
toute la force nécessaire pour ne point
succomber sous le poids de l'épi, quelque grand qu'il soit. Enfin, les nœuds
de la tige sont comme des especes de
tamis fins qui filtrent & subtilisent les
parties intégrantes de la feve, lorsqu'elle s'éleve vers l'épi pour servir à
sa nutrition. Cet épi a des barbes qui le
défendent de l'approche & des morsu-
res fréquentes des oiseaux, & de tous
les insectes aîlés : il y est à l'abri comme sous une haie impénétrable.

L'écorce ou la peau extérieure dans
toutes sortes de Grains, semble être
formée pour conserver le germe, pour
le défendre des accidens du dehors.
Plus cet usage paroît simple, plus il

convient à la fageffe & à l'œconomie
de la Nature. L'écorce eft compofée
de deux parties, qui fe repliant d'une
maniere infenfible, rentrent l'une dans
l'autre ; mais ne peuvent fe joindre fi
exactement qu'elles ne forment une
efpece de cicatrice, que quelques-uns
nomment le fillon. Pour s'en convaincre de fes propres yeux, il ne faut
que jetter dans de l'eau ou de l'huile
très-chaude quelques grains de Blé,
d'Orge, &c. On les voit bientôt s'a-
mollir & s'enfler confidérablement, à
mefure que les deux feuilles ou les deux
portions de l'écorce fe relâchent, &
qu'elles tendent à fe féparer. C'eft
là auffi ce qui arrive dans les entrail-
les de la terre, où ces même Grains
font mûs par une chaleur douce & une
humidité faline qui pénétrant leurs enveloppes de toutes parts, caufent au dedans une fermentation femblable à celle qu'éprouve la pâte: fermentation qui
fuffit pour ouvrir les parties intérieures
de la plante, & pour les dégager de tous
leurs liens. Une nouvelle preuve de
ce que j'avance, fe peut tirer des oifeaux domeftiques, tels que font les
C vj

Poules, les Pigeons, les Coqs-d'Indes, les Perdrix privées. Tous ces oiſeaux ne ſe nourriſſent preſque que de Grains, & ils les avalent rapidement, ſans les mâcher ni les rompre auparavant avec le bec. Ces Grains paſſent tout entiers dans une eſpece d'anti-eſtomac, où ils ſont humeĉtés & amollis par quelque ſuc préparé que les glandes (1) y diſtillent. Ils ſont enſuite portés dans le geſier ou l'eſtomac muſculeux : & là, par de petites ſecouſſes & des impulſions réitérées, ils achevent de ſe décompoſer. Leurs enveloppes s'ouvrent en deux parties, & laiſſent écouler l'aliment qui convient à ces oiſeaux, ſans qu'elles mêmes puiſſent jamais leur en ſervir.

Le germe eſt la partie organiſée qui ſe trouve dans chaque Grain : c'eſt la plante elle-même en raccourci, &, pour ainſi dire, en miniature, avec tout

(1) Avec le ſecours du Microſcope, l'excellent Phyſicien, M. Valliſnieri, a découvert que ces glandes ſont comme autant de bouteilles de verre à long-cou, leſquelles contiennent une liqueur d'un verd & jaune obſcur.

ce qui lui appartient, tout ce qui feit
à la caractérifer. Ce germe eft enveloppé de ce que je nomme la matiere
farineufe, qui confifte en une infinité
de petits corps blancs & tranfparens,
figurés à peu près comme des boules.
On ne peut guéres les appercevoir
qu'avec un bon Microfcope : encore
faut-il avec cela diffequer le Grain
bien adroitement. Ce font ces efpeces de boules, qui étant mifes en
mouvement par la chaleur de la terre, s'infinuent dans les pores du germe, étendent peu à peu fes parties,
le nourriffent enfin jufqu'à ce qu'il
pouffe des racines propres à recevoir
le fuc de la terre. Ce font elles encore qui fervent à faire végéter les
Grains, lorfqu'étant jettés confufé-
ment dans un lieu humide, ils commencent à s'échauffer.

Quand le Blé eft moulu, tous ces
globes qui ont été froiffés, fe divifent à l'infini, & compofent ce qu'on
appelle la Farine. Pour les germes
qui n'ont jamais la même blancheur
ni la même tranfparence, ils font,
après avoir paffé fous la meule, le

petit gris : partie absolument néces-
faire pour donner le goût & la saveur
au pain. Car tous ces germes, quoique décomposés & réduits à des frag-
mens insensibles, font toujours prêts
à se reveiller, à se mettre en mouvement : & ce font eux seuls qui font
fermenter la pâte, qui font lever le
pain. Mais d'un autre côté aussi ils ont
une pente naturelle à se déranger, &
à causer par leur agitation la pourri-
ture.

Une expérience décisive sur cette
matiere, c'est que si l'on fait secher
de la farine au four, & qu'on la renferme ensuite dans des barrils qui y
auront aussi seché, on pourra garder cette farine plusieurs années de
suite, sans craindre qu'elle s'altére
ni qu'elle se corrompe. Mais quelques soins qu'on se donne, il sera impossible d'en faire jamais du pain le-
vé. La raison qu'en rendent les gens
du métier, c'est que par cette manœuvre tous les germes ont été tués. De
la même maniere, le Blé qu'on a renfermé trop longtems dans des lieux
secs où l'air n'entre point, se trouve

exemt de toute altération. Mais la farine qui en provient, reste inanimée, à moins qu'on ne la mêle avec d'autre. En un mot, les germes nuisent & servent également aux Grains, qu'on a envie de conserver : ils semblent être les premiers ressorts de tout le méchanisme de la nature.

J'ajoûterai ici que de toutes les plantes qui sont au monde, le Blé est la plante la plus commune & la plus fertile, & cela sans doute, suivant une sage disposition de la Providence, parce que c'est la plante la plus nécessaire à l'homme. *Tritico*, dit Pline, *nihil est fertilius : hoc ei natura tribuit, quoniam eo maxime alat hominem.* Non-seulement le Blé croît dans les régions tempérées, mais encore dans les régions les plus froides & les plus chaudes. Il se plaît de plus & s'accoûtume aux terres où l'on n'en avoit jamais semé, ainsi qu'on l'éprouve en divers endroits, tant de l'Amérique Septentrionale, que de l'Amérique Méridionale. Je conviendrai cependant qu'il réussit mieux au Perou & au Chilli, que dans la Nouvelle-France

& dans les Plantations Angloiſes. Enfin, le Blé eſt la nourriture la plus
ſaine qu'on puiſſe avoir, puiſque c'eſt
de lui que vient le Pain : & les peuples qui ne le cultivent point, ſont
ou des Sauvages ſans police & ſans
mœurs, qui vivent de rapine & dans
les bois, ou des Hommes lâches &
efféminés, ſobres par ignorance, &
qui fuyent le travail. Quelles louanges auſſi l'Antiquité n'a-t'elle pas
données à Cerès, à Triptoleme, à
Oſiris & aux autres bienfaicteurs du
genre humain, qui ont introduit l'u-
ſage du Blé, des Moulins à vent &
à eau, du Pain ?

V.

Des Infectes qui fe trouvent dans la Farine, avec quelques réflexions.

LEs précautions qu'il eſt à propos de prendre, pour préſerver les Grains des animaux qui les affiégent de toutes parts, ne ſuffiſent point. Il en faut de nouvelles pour préſerver la Farine de ceux qui viennent en foule la dévorer. Ces animaux ſont de deux ſortes. Les uns preſque impercepti-bles à nos yeux, ne ſe trouvent guéres que dans la fine fleur de farine, ou comme on l'appelle en quelques Pro-vinces, dans la farine de fin minot. Ils ſautent plus qu'ils ne marchent, & ſautent continuellement. Leur cou-leur eſt toute ſemblable à celle de la farine dejà moiſie & corrompue, où ils ſéjournent, & où de ſurcroit ils laiſſent une nombreuſe poſtérité. Pour les appercevoir, il faut regarder au grand jour une certaine quantité de

cette farine. Elle paroît dans une agitation très-grande, à caufe des petits
vers dont elle eft remplie : de même
qu'on voit la furface des étangs couverts de la plante nommée, *Lentille
Aquatique*, s'agiter inceffamment, à
caufe que chacune de fes feuilles nourrit & cache une chenille toujours en
mouvement.

Pour mieux encore appercevoir les
animaux dont je viens de parler, il
faut répandre de la farine à demi gâtée, fur le fond d'un Microfcope à
lunette. En obfervant enfuite cette
farine avec attention, on découvre
fans peine les Infectes qu'on cherche,
& dont la tête allongée fe termine
en une efpece de tarriere. On les voit
en même tems fe mouvoir d'une agilité furprenante, paffer & repaffer les
uns fur les autres, tantôt s'enfoncer
dans la farine, & tantôt s'élever à fa
furface. C'eft un manége, c'eft un
jeu, fi j'ofe ainfi l'appeller, qui ne
finit point.

Les autres animaux s'offrent d'eux-
mêmes à la vûe. Ils ont fix pieds,
trois de chaque côté, & onze anneaux,

en comptant celui qui sépare la tête du corps. Cette tête est armée d'une tenaille, dont les deux branches s'unissent très-exactement : *Os forcipatum, à cujus quasi labris parva spinula nascuntur.* En effet, au lieu de dents, ces animaux ont de petites épines qui saillent hors de leur bouche, & dont ils se servent pour se préparer une nourriture convenable. Thomas Mouffett dans son Théatre, & Jean Ray dans son Histoire des Insectes, en parlent fort au long, & les nomment l'un & l'autre *Teredines* ou *vermes Farinarii.* Ils ajoûtent qu'on les trouve tantôt pleins de vie & très-durs au toucher, tantôt très-mous & presque sans aucun mouvement : ce qui marque à leur avis, les différens états par où ils passent, leurs tems successifs de santé & de maladie, d'embonpoint & de maigreur.

Ce que je trouve de singulier dans ces animaux, c'est qu'ils imitent parfaitement la couleur de la farine où ils ont pris naissance, & où ils passent ensuite leur vie. *Proba,* dit Ray, *& albissima albos generat, vetustior flavos,*

*macra & furfuribus immixta farinâ
etiam fuscos.* Plusieurs autres Insectes
prennent ainsi la couleur des lieux où
ils vivent, des corps où ils s'attachent : disons plutôt qu'ils ne vivent
que dans des lieux, qu'ils ne s'attachent qu'à des corps précisément de
même couleur qu'eux. Telles sont la
plûpart des Chenilles vertes, ou d'un
vert plus ou moins foncé, suivant
les arbres & les plantes qui leur servent de nourriture & de logement.
Il semble qu'un instinct particulier
leur enseigne qu'elles y seront plus en
sûreté, qu'on aura plus de peine à les
surprendre, &, pour ainsi dire, à les
démasquer au préjudice de leur vie.

La farine qui vient d'Angleterre,
est peut-être la plus blanche qui soit
au monde : aussi les vers qu'elle produit, & fait éclorre en grand nombre, sont-ils très-blancs. La nôtre en
général est plus brune que celle d'Angleterre : on observe aussi que les vers
qui y naissent assez promtement, imitent la même couleur, & échappent
souvent aux regards des ouvriers peu
attentifs. Mais ce qu'il y a de certain,

& ce qu'on peut aſſûrer en gros, c'eſt que toute farine qui a contraſté de l'humidité, qui ſent le rance & le moiſi, commence à être pleine de vers. Cette odeur les annonce infail-liblement, & on ne doit pas craindre de s'y tromper. L'expérience en ap-prendra davantage, elle qui inſtruit d'autant mieux que toutes les inſtruc-tions conſiſtent en détails.

La bonté de la farine ſe meſure à la couleur & au poids. Plus elle eſt blanche & péſante, toutes choſes d'ailleurs égales, & meilleure elle eſt. Pline le Naturaliſte a remarqué qu'il n'y avoit point autrefois de froment qui approchât de celui d'Italie : *Itali-co nullum equidem comparaverim can-dore ac pondere, quo maximè decernitur.* Ce froment faiſoit de la farine très-blanche & très-péſante, que les Grecs eux-mêmes ont célébrée, comme So-phocle dans ſa piece intitulée Tripto-leme : *Et fortunatam Italiam frumento canere candido.* Les choſes ont varié depuis, & l'ancienne réputation des Blés d'Italie eſt beaucoup diminuée. Ce qui ne m'étonne point : car tout

le pays étant plein de mines de fouffre, d'alun, de vitriol, de marcaffites
ferrugineux, avec plufieurs fources
d'huile inflammable, comme celles de
Petrole, il n'eft pas furprenant que
ces mines ayant pris feu tout-à-coup,
ainfi qu'il eft fouvent arrivé, elles
ayent changé la nature & la difpofition des terrains, & altéré les fucs
dont ces terrains étoient imprégnés.

Au refte, il ne faut point tellement
fe fier à la couleur de la farine, qu'on
néglige les autres qualités qu'elle peut
avoir. Celle d'Angleterre, par exemple, frappe à caufe de fa blancheur :
mais le pain qui en provient n'en eft
pas meilleur. Il fe caffe facilement,
il ne forme aucune liaifon : gardé &
raffis, il reffemble à de la craie. On juge
bien de quelle incommodité cela doit
étre pour le détail journalier, fur-tout
à la campagne, où le pain frais manque fouvent, & où l'œconomie demande qu'on en ait toujours une four-
née de raffis, quand on veut en faire
de nouveau. La farine de Picardie eft
très-approchante de celle d'Angleterre : auffi lui trouve-t'on au bout

de quelques jours , je ne fçai quoi de
fec & de maigre qui l'empêche de fe
mettre en pâte. Pour la corriger ,
pour s'en fervir utilement , il faut la
mêler en égale quantité avec de la farine prife en Bretagne , laquelle eft
d'ordinaire plus graffe & plus onctueu-
fe.Mais ni l'une ni l'autre ne fe conferve pas longtems : & même le pain qui
en a été fait , devenu raffis , ne peut
plus fe repaffer au four.

Quoi qu'il en foit , la difficulté n'eft
point d'avoir dans le Royaume de la
farine propre à faire de bon pain ;
mais d'en avoir qui puiffe traverfer
les mers , & fe conferver dans nos
vaiffeaux , fans recevoir aucune im-
preffion de l'air falé qu'on y refpire ,
& qui gâte les autres denrées. Le meilleur pain qui fe puiffe manger , eft celui qu'on boulange à Paris , & aux environs. Les étrangers mêmes , fi partagés fur le goût, en tombent d'accord. Mais cela ne vient point tant
de la qualité de la farine (car on y
en apporte de toutes les fortes) que
des eaux & de la façon ; la Capitale
d'ordinaire contenant les plus habiles

Ouvriers , & ces Ouvriers encore
amorcés par le gain, tâchant de ſe
ſurpaſſer les uns les autres. En général, pour faire de bon pain , il faut de
la farine fraîchement moulue , bien
criblée & paſſée au blutoir de ſoie ;
empâtée avec beaucoup de levain , &
ſuffiſante quantité d'eau de riviere ou
de fontaine, jamais d'eau de puits,
d'étang , ni de vivier ; exactement
paîtrie & tournée de tous les côtés,
laiſſée enſuite quelques heures en repos, bien couverte & ſalée avec mé-
nagement ; cuite enfin dans un four
chauffé d'un feu médiocre, clair , allumé avec du bois plutôt qu'avec de la
paille , du chaume & des roſeaux , jamais avec du bois pourri, ni qui ait
de l'odeur. Toutes ces précautions
priſes à propos donnent ſans doute
d'excellent pain.

Mais quand on veut de la farine qui
ſoit de garde, qui échappe à tous les
ſoupçons & à toutes les défiances, on
doit l'aller chercher ; 1°. dans la Guien-
ne aux marchés de Nérac, de Moiſ-
ſac & de Villeneuve ; 2°. dans le Poi-
tou & le pays d'Aunix, au fameux

marché

marché de Marans, gros bourg fur la Sévre; 2°. en Normandie, & pour la facilité du commerce, au Havre & à Cherbourg. Ces farines-là fur-tout font très-propres à paffer les mers, & fe confervent utilement, malgré cette humidité faline qui y régne, & qui moifit prefque auffitôt les toiles de chanvre & de lin, décolore les étoffes de laine & de foie, noircit fans retour les galons d'or & d'argent, rouille les meubles & inftrumens de fer poli, comme ceux de chirurgie, à moins qu'on n'y apporte de grandes précautions. Auffi fait-on un trafic confidérable de ces farines, & dans nos Colonies, & dans celles des Anglois : on n'épargne ni argent ni foins, pour en avoir préférablement à toute autre. Il eft feulement à propos de remarquer que prefque toute celle qui vient de Normandie, n'eft point blutée : ce qui la rend d'abord un peu rude au toucher ; mais on n'eft pas longtems à s'y apprivoifer.

Le choix des farines deftinées à nos Colonies étant fait, il eft encore néceffaire, pour les garantir de l'humidité,

D

d'avoir des barrils de bois de chêne qui foit extrêmemement fec. Ces barrils ne doivent pefer que 150 ou 200 livres au plus, pour la facilité de leur arrimage ou de leur arrangement dans le fond de calle des navires. Je répéte encore que le bois de chêne doit être extrêmemement fec : car pour peu qu'il contînt de féve, elle fermenteroit bientôt, & gâteroit la matiere renfermée dans les barrils. Il faut avoir la même attention pour les huches, les paîtrins, les coffres, où l'on ferre & garde la farine, foit dans les villes, foit à la campagne. Ils ne peuvent être fait de bois trop fec. Je condamne abfolument celui de hêtre ou fonteau qui conferve toujours quelque humidité; ainfi que celui de châtaignier, qui fe tourmente trop, & celui de frêne, que les vers affiégent & piquent d'abord.

Qu'on me permette de faire ici une remarque importante. Tous les métaux fe raccourciffent au froid, & s'allongent aux chaud : & cette différence peut aller depuis $\frac{1}{3}$ de ligne jufqu'à une ligne & plus, fur des lon-

gueurs de trois pieds & demi a quatre
pieds. Peut-être faut-il excepter le
fer du nombre (1) des métaux. Tous
les bois au contraire s'allongent au
froid, & se raccourciffent au chaud.
Ce qui vient d'un refte de féve qui
eft encore dans ces bois, & qui fe con-
denfant lorfqu'ils font expofés au
froid, les fait participer à la propriété des liqueurs qui augmentent de volume lorfqu'elle fe gelent. Cela étant,
on pourroit connoître par des expériences fimples, mais renouvellées,
combien un bois renferme plus de féve qu'un autre, & quand il eft à propos de s'en fervir. Les Anglois ont obfervé que les vaiffeaux neufs étoient

(1) Tous les métaux, & même tous les
corps en fufion, forment un plus grand volume, que quand ils font en lingots ou en
maffes. Le fer feul fuit une loi contraire,
& il occupe en lingot un plus grand efpace
que quand il eft en fufion : il furnage dans
un creufet le fer qu'on y a fait fondre. La
glace eft dans le même cas. L'eau con-
denfée par le froid eft d'un plus grand volume, que lorfqu'elle étoit liquide & fluide.
Auffi la glace ne s'enfonce-t'elle point dans
quelque eau que ce foit: elle fe tient toujours à fa furface.

D ij

très-mal-fains , à raifon des vapeurs qu'exhale la féve confervée dans le bois. J'ai fait la même remarque en France , & j'ai trouvé qu'il mouroit beaucoup plus de gens dans les vaiffeaux neufs qui reviennent de la mer , fur-tout après cinq ou fix mois de campagne , que dans les autres. Mais auffi ont-ils un avantage qui les diftingue , c'eft que leurs parties font plus approchées , font plus dépendantes les unes des autres, de maniere que tout fe contretient , tout eft mieux lié , tout fait action & réaction.

EXPLICATION
des Figures.

PLANCHE I.

LA premiere rangée repréfente les Chenilles ou efpeces de Chenilles, qu'on trouve parmi les tas de Blé, de Seigle, d'Orge, d'Avoine, &c. En A & B, elles font vûes au Microfcope. Je crois que ces Infectes font ceux que les Anciens nommoient *Coffi.* Nous les nommons aujourd'hui Charenҫons.

La feconde rangée repréfente les Vers, que les Flamands & les Hollandois appellent vulgairement *Wolf*, à caufe de leur voracité. Ce font eux qui produifent les Moucherons, dont la plûpart des Greniers font infectés. C, eft un de ces Vers, tel qu'on l'a apperҫu & deffiné au Microfcope.

PLANCHE II.

Elle repréfente les Papillons à qui doivent leur naiffance les Chenilles ou efpeces de Chenilles de la Planche précédente. On les a deffinés avec plu-fieurs grains de Blé à demi rongés, tels qu'on les a obfervés dans un Microf-cope à lunette, où ils ont vécu pen-dant plus de quinze jours. A l'égard des Scarabées, il femble que Pline ait connu cette efpece d'Infectes, & qu'il l'ait examinée avec attention. Je trouve du moins un paffage dans le dix-hui-tiéme Livre de fon Hiftoire naturelle, qui leur convient parfaitement. *Eft & Cantharus dictus Scarabæus parvus, frumenta erodens.* C'eft la Calendre.

PLANCHE III.

Elle repréfente le fond d'un Mi-crofcope à lunette, lequel eft couvert de fine fleur de farine à demi gâtée. On voit par le moyen de ce Microfcope les animaux imperceptibles aux yeux, dont il y a une quantité furprenante, & qui y naiffent, y vivent & y meu-rent. Ces animaux ont un point rou-ge, qui diftingue leur tête & la fait reconnoître aifément.

Au haut de la Planche font les Calen-dres, ou les Vers des Scarabées tels

qu'ils paroiſſent a la vûe, avec pluſieurs grains de Blé.

PLANCHE IV.

Elle repréſente les Vers qu'on trouve dans la farine corrompue, & non
encore blutée ni épurée du ſon qu'elle
contient. C'eſt cette eſpece de farine
qu'on appelle en quelques endroits
du gruau de Boulanger.

Les figures 1. 2. & 3. font voir
ces Vers dans leur groſſeur naturelle. On a eu la précaution de les deſ-
ſiner vivans.

La figure 5. repréſente les ongles
qui ſont au bout de chaque pate ; ongles très-durs, puiſqu'ils déchirent le
papier.

Les figures 4. 6. & 7. repréſentent
diverſes parties de ces Vers, deſſinées
au Microſcope. Ils ſe tiennent par
peloton, & ſe cachent dans la farine. Quand on les met ſur du papier
blanc, ils y laiſſent une trace viſ-
queuſe, à peu près comme les Li-
maces de jardin, & après leur mort,

D iv

ils exhalent une odeur de réſine brûlée.

Corneille le Brun, dans ſon Voyage de Moſcovie orné de pluſieurs
tailles-douces des plus curieuſes, dit
que le Docteur Areskins, Ecoſſois,
& premier Médecin du Czar Pierre I.
lui fit voir dans l'Apoticairerie de Moſ-
kow, *un quignon de pain bis petrifié.*

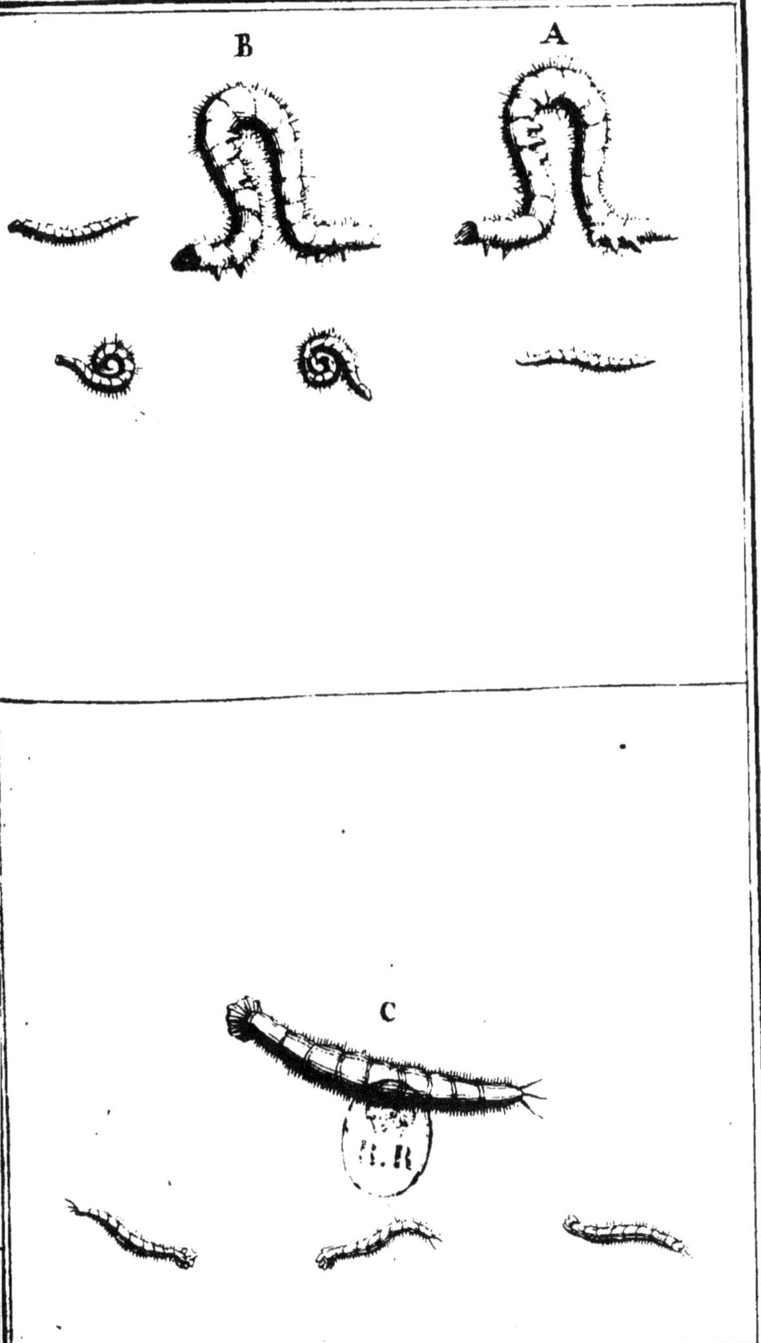

Auctor Inv. et del.   Mathey Sculp.

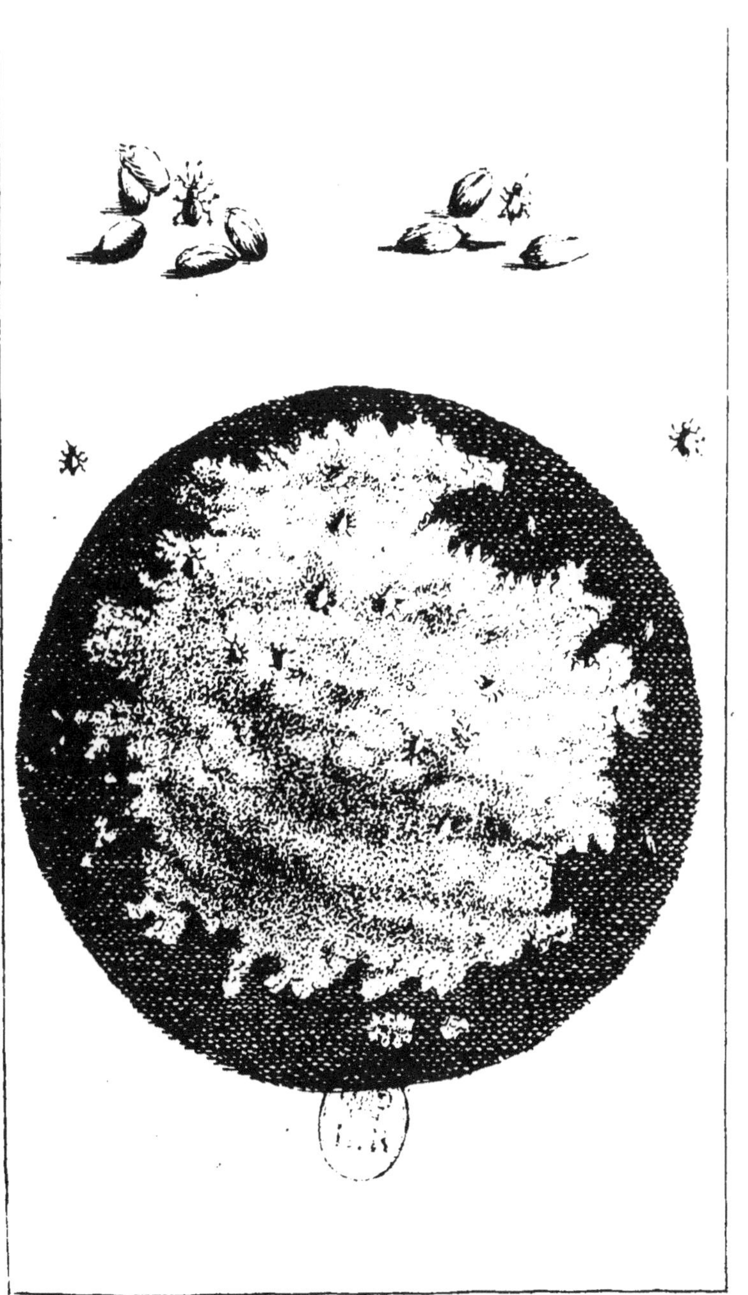

planche. III.

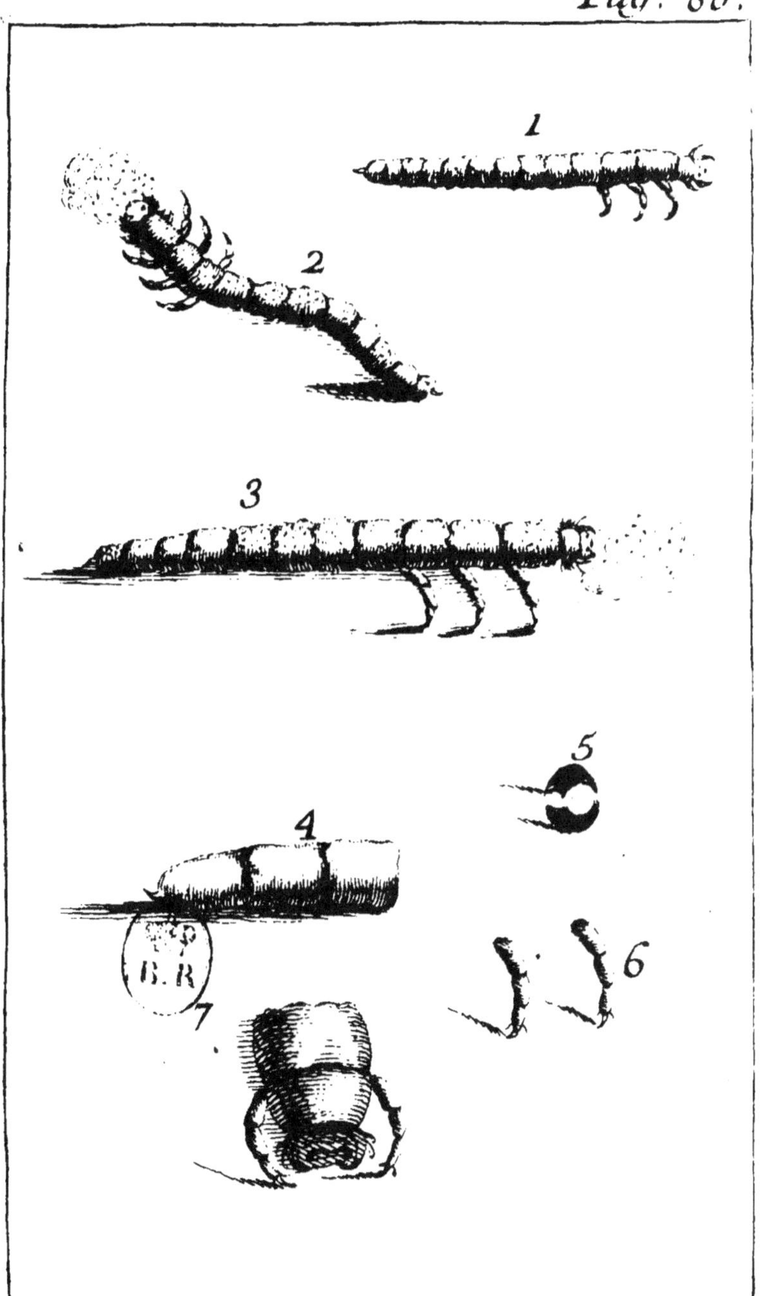

TRAITÉ

SUR LA PROMPTE

végétation des Plantes, avec des Remarques ti-rées de différens Auteurs.

TRAITÉ

SUR LA PROMPTE

végétation des Plantes , avec des Remarques tirées de différens Auteurs.

LETTRE A M. DE SAINTE BAT....

JE suis charmé, Monsieur, que vous approuviez les observations plus étendues & plus approfondies, que je vous envoie sur la maniere de conserver les Grains. Un suffrage tel que le vôtre est pour moi d'autant plus flateur, que né avec de grands domaines, & occupé à les faire valoir par vous-même, vous êtes plus au fait que personne, de cette espece d'œconomie qui regarde les biens de la campagne. Il s'est répandu dans tout le Royaume un préjugé fatal, qui fait regarder comme bas & vils des emplois qui étoient autrefois d'une fi grande diftinction à Rome & dans la Gréce, c'eft-à-dire, parmi les peuples les plus civilifés & les plus inftruits des véritables loix de l'honneur : *Viri magni noftri majores*, dit Varron, *non fine caufa præponebant rufticos Romanos urbanis. . . . Quod dum fervaverunt inftitutum, utrumque funt confecuti, ut & culturâ agros fœcundiffimos haberent, & ipfi valetudine firmiores effent.* Heureux, qui comme vous s'eft mis au-deffus de ce préjugé ! Plus heureux encore, qui ayant dévoué fa jeuneffe au maniment des armes, & aux périls de la guerre, revient dans l'âge avancé à un genre de vie plus utile & (1) plus réflechi !

(1) L'Hiftoire Romaine parle d'un homme célébre appellé *Similis*, qui ayant roulé par tous les emplois de la guerre, devint à la fin Préfet du Prétoire. Mais las des honneurs qu'on lui rendoit, mécontent des traverfes qu'on effuie tôt ou tard à la Cour, il fe retira dans une de fes terres, où il paffa les fept dernieres années de fa vie avec beaucoup de douceur & de tranquillité au

Comme je fçai, Monfieur, que la
Botanique fait aujourd'hui votre principale étude, & que vos expériences
embraffent tout ce qui peut favorifer
la végétation, l'accroiffement des
Plantes : oferois-je vous prier de me
faire part de quelques unes de ces expériences, de celles que vous jugez
les plus propres à être mifes en pratique au fujet des Grains ? Car je me
défie avec raifon de la plûpart des Recettes qui fe trouvent dans les Traités
de Phyfique, ou qui courent de main
en main fous le nom miftérieux de fecrets. Tout cela n'eft propre qu'à fé-
duire le public, peu foigneux de difcerner le vrai d'avec le faux, l'éprouvé d'avec ce qui n'eft que purement
imaginé dans certains ouvrages. Tel
eft entre autres celui des *Curiofités de la
Nature & de l'Art fur la Végétation ou
l'Agriculture,* &c. extrait d'un fi grand
nombre d'Auteurs. Il y régne je ne

milieu des occupations diverfifiées de la campagne. En mourant il fit graver fur fon tom-
beau cette courte épitaphe. *Cy gît Similis,
qui eft parvenu à une longue vieilleffe, & qui
pourtant n'a vécu que fept ans.*

fçai quel merveilleux outré & fanfaron, qui n'eft point le merveilleux de la Phyfique.

Pour moi, je ne dois craindre aucun reproche femblable, en vous propofant l'inftruction fuivante, donnée par le célébre Marcel Malpighi. Un tel nom raffûre (1) contre toutes fortes d'illufions. Voici comme parle cet ingénieux Artifte dans le plus ingénieux de fes ouvrages, je veux dire fon Anatomie des Plantes. » Pour hâ-
» ter la germination du Blé, du Sei-
» gle, de l'Orge, de l'Avoine, & pour
» rendre cette germination plus abon-

(1) Dans le tems même que le célébre Marcel Malpighi avoit le plus de réputation, il trouva un de fes Collegues dans l'Univerfité de Bologne, nommé Jean-Jerôme Sbaraglia, qui fit imprimer deux Lettres, pour prouver que les Médecins de fon tems avoient grand tort de fe préférer aux Anciens; que quelques découvertes dans l'Anatomie & la Botanique ne les mettoïent pas en droit de fe croire plus habiles dans la connoiffance de la Médecine; enfin, qu'Hippocrate & Galien avoient mieux raifonné fur les caufes, les effets & la guérifon des maladies que tous les Modernes enfemble.

» dante, il faut quelques jours aupa-
» ravant en laiffer tremper les grains
» dans de l'eau de pluie, où l'on aura
» fait infufer du crottin de cheval &
» de chévre mêlé d'un peu de paille
» hachée. Les grains ainfi trempés le-
» vent plutôt de terre, & produifent
» un grand nombre de tiges toutes
» chargées de leurs épis : ce qui vient,
» ajoûte Malpighi, de ce que les fels
» engagés dans la fiente des animaux,
» étant diffous par l'eau de pluie, con-
» tribuent beaucoup à faire végéter
» les Plantes, quelquefois même juf-
» qu'à l'étonnement. «

Vous fentez, Monfieur, combien
cette inftruction eft fimple & facile :
& par-là même elle n'en a que plus
de mérite. Toutes les compofitions
trop chargées décélent, ou l'ignoran-
rance, ou la vanité de ceux qui s'en
difent les auteurs : le public abufé,
& qui pour fes intérêts fe détrom-
pe toujours trop tard, n'en profite
point.

Voici deux autres Recettes que
je crois préférables à tout ce qui
fe pratique dans les diverfes Provin-

ces (1) du Royaume, mais dont il ne faut point chercher à faire revenir les habitans. Ils sont trop asservis à leurs anciens usages : & tout ce qui a un air de nouveauté les gêne, & leur paroît suspect. La premiere de ces Recettes est dûe à un habile Médecin, & un sçavant Philosophe, qui dans son *Discours sur les causes du débordement du Nil*, rapporte qu'il a souvent éprouvé qu'en faisant tremper dans l'urine les grains de Blé, avant que de les semer, ils levent plutôt, & deviennent d'une fécondité extraordinaire, à cause des sels volatils qu'elle contient. Ces sels urineux se développent peu à peu par la fermentation.

La seconde Recette est dûe à des Chymistes curieux, qui ont longtems travaillé sur la suie, & qui en ont extrait un dissolvant qui à certains égards leur paroît un dissolvant général. Prenez, disent ces Chymistes, de la suie qui soit dure & luisante,

____

(1) Voyez le Spectacle de la Nature, tom. II. Entret. XI. & XII.

& qu'on ait retirée des cheminées où il a été roti beaucoup de viandes, & où l'on n'a brûlé que du bois neuf. Mettez en même tems fur le feu de grandes baffines de cuivre pleine d'eau de pluie : & quand on verra que cette eau commence à bouillir , jettez-y une quantité fuffifante de fuie, en l'agitant continuellement , & jufqu'à ce qu'elle prenne une odeur d'efprit volatil de corne de Cerf. Diminuez enfuite le feu, de maniere cependant que l'eau foit toujours plus que tiede. On y laiffera tremper pendant douze ou quinze heures les grains de Blé, de Seigle, d'Orge, d'Avoine, avant que de les femer : & cette préparation leur fera infiniment avantageufe. Si l'on faifoit diftiller la fuie , & qu'à fa place on fe fervît de fon fel, qui eft très-fubtil & très-pénétrant, les Grains n'en devindroient que plus féconds : & l'on n'auroit point à fe plaindre de cette premiere dépenfe. Je ne rapporte rien ici, dont je n'aie moi-même fait l'épreuve à différentes reprifes, & dans différentes Campagnes.

Les Anglois ont une coutume singuliere, & que le caprice plus que la raison semble d'abord avoir autorisée. Ils ne sement jamais leurs grains dans la même terre qui les a produits ; mais toujours dans une terre distante de plusieurs lieues de la premiere, & d'une qualité dissemblable. Cette coutume passe même en Angleterre pour une des principales clefs de l'Agriculture. Elle commence aussi à s'établir en plusieurs endroits du Royaume, où les Laboureurs & les Jardiniers disent que la terre se lasse de travailler toujours sur les mêmes grains & les mêmes semences, & qu'elle se plaît à recevoir des grains nouveaux & des semences nouvelles. Un Botaniste Anglois, suivant le Journal des Sçavans de 1685. avoit promis un secret pour préparer & fumer les terres, de façon que les Plantes y devoient végéter, non par des accroissemens successifs & imperceptibles, mais d'une maniere qui auroit presque étonné la vûe. Il en fit même, dit-on, quelques épreuves qui surprirent. Mais ce secret n'a point été donné,

& on doit le mettre au rang de tant
de promeſſes magnifiques , auſſitôt
évanouies qu'annoncées. Au reſte , je
conjecture qu'un pareil ſecret pourroit peut-être s'exécuter en petit , ſur
une caiſſe , par exemple , ſemblable à
nos caiſſes d'orangers : mais ce ne
(1) ſeroit là tout au plus qu'une cu-
rioſité d'éclat & paſſagere.

Quelques Philoſophes, comme feu
M. Homberg, dans les Mémoires de
l'Académie Royale des Sciences de
1699. recommandent d'arroſer les
Plantes avec de l'eau dans laquelle on
aura diſſous du ſalpêtre. Cette eau,
diſent-ils , aide beaucoup à leur ac-
croiſſement & à leur force. Elles viennent non ſeulement plus vîte , ont
plus de ſaveur & d'embonpoint ; mais

---

(1) Quelques Amateurs des jardins font
tremper toutes leurs graines dans du lait
tiede , & ils croyent par ce moyen donner
aux légumes plus de goût & de ſaveur. Cette
pratique eſt très-commune en Allemagne &
en Italie. Je la trouve décrite dans un Ouvrage curieux, imprimé à Londres en 1678.
& qui a pour titre : *Hiſtoire de la Nature con-*
firmée par les expériences , & éclaircie par les
raiſonnemens.

elles rendent encore dans l'analyse plus de principes actifs. De cet avantage généralement approuvé, en découle un autre qui ne mérite pas moins de l'être : c'est d'arroser toujours de grand matin les Plantes & les Fleurs, afin qu'elles reçoivent les premieres impreſſions de la matiere de la lumiére. Pour ce qui regarde les arbres fruitiers, il eſt encore alors à propos de fouir la terre à leurs pieds, & de la renverſer le plus qu'il ſe peut. La raiſon de cela eſt que la terre s'affaiſſant par ſon poids, chaſſe l'air qui eſt renfermé dans ſes cavités, & contribue par-là à le faire entrer dans les pores des racines voiſines. Or cet air venant à s'épuiſer, il faut continuellement le renouveller : & rien n'y eſt plus propre que de remuer & renverſer la terre le matin au lever du ſoleil, où l'air eſt tout imprégné de ſa matiere propre. Il y a un art infini à la ſçavoir ménager, & à la faire retomber par réflexion ſur les arbres fruitiers, qui en profitent beaucoup plus que ſi les rayons (1) du ſoleil

____

(1) L'expoſition la plus favorable pour

étoient directs. C'est ce que prouve M. Fatio dans son *Traité des Murs inclinés à l'horizon*, où il applique d'une maniere heureuse & presque inespérée, la Géometrie au Jardinage.

A l'égard du nitre aerien, il y a apparence qu'il contribue sans cesse aux différens détails de la végétation, surtout quand il est aiguisé par la matiere de la lumiere, qui est la même que celle du feu. Ce nitre se méle intimement avec l'air, participe à tous ses effets & à toutes ses modifications, comme il est aisé de s'en convaincre par plusieurs expériences, & par des raisonnemens très-justes qui tiennent à ces expériences. Mais j'aurois tort d'entrer ici dans un plus long éclaircissement, cette Lettre n'étant point un discours de Physique, mais seule-

les Plantes & les Fleurs est celle que leur donne le Soleil, depuis le matin, jusqu'à deux ou trois heures après midi, parce que le matin elles ouvrent doucement leurs pores pour recevoir les vapeurs nitreuses qui voltigent alors dans l'air, & qu'étant abandonnées du Soleil sur les trois heures, elles renferment peu à peu ces mêmes pores, & sont moins susceptibles du froid de la nuit.

ment une invitation polie pour vous
engager à ne point enſevelir plus longtems vos connoiſlances, ou ce que
j'appelle la même choſe, à ne point
vous enſevelir vous-même.

> *Si quid noviſti reCtius iſtis,*
> *Candidus imperti : ſi non, bis utere me-*
> *cum.*

Comme vous avez des voiſins à la
campagne, (car eſt-il quelqu'un d'aſſez heureux pour n'en point avoir ?)
qui condamnent votre maniere de vivre plus retirée, plus ſobre que la
leur, & qui raillent quelquefois des
dépenſes que vous employez à la perfection de l'Agriculture, permettez-
moi de vous rappeller un trait de notre Hiſtoire ; qui leur fermera ſans
doute la bouche. Pendant le feu des
guerres civiles, & lorſque toute la
France, ſous prétexte de Religion,
ne reſpiroit que meurtres & qu'incen-
dies, Charles IX. & Catherine de Mé-
dicis envoyerent deux Gentilshommes
pour épier la conduite de l'Amiral de
Coligny, qui s'étoit retiré dans une

de ses terres en bas-Poitou. Ces deux Gentilshommes étant partis secretement , surprirent l'Amiral *en habit de Ménager* , comme dit Etienne Pasquier , *& une serpette à la main, qui essigoloit lui-même ses antes*. Après avoir reçû comme il devoit , les complimens forcés des deux Ambassadeurs, il leur ajoûta en soûriant : *Ne manquez point d'instruire le Roi & la Reine de l'équipage où vous m'avez trouvé. Peut-être me feront-ils la justice de croire qu'un homme occupé de choses aussi simples que je le suis , ne songe point à rien machiner contre l'Etat.* Effectivement, l'Amiral avoit assez d'étoffe dans l'esprit pour se suffire à lui-même, soit qu'il maniât les armes , soit qu'il vécût dans la retraite. Et il y a apparence qu'il auroit choisi ce dernier parti, si on ne l'avoit en quelque maniere obligé de se mettre à la tête de ceux de la Religion réformée.

SUR

SUR LA PÊCHE

DU SAUMON.

E

TRAITÉ
SUR LA PÊCHE
du Saumon.

LETTRE A M. DE SAINTE BAT...

JE viens de faire, Monsieur, un voyage très-agréable du côté de Châteaulin, petite Ville ainsi nommée d'un ancien Château qui appartenoit à Alain II. du nom, Comte ou Duc de Bretagne. Ce Château, qui est presque tout ruiné, sert aujourd'hui d'Hôpital : triste fin de la plûpart des Palais & des Maisons que les Princes font bâtir à si grands frais. Mais ce qui distingue le plus la Ville de Châteaulin, c'est une pêche considérable de Saumons qui s'y fait tous les ans, & qui monte quelquefois jusqu'à 4000. Le détail de cette pêche est assez cu-

rieux : & je m'imagine que touché
comme vous êtes du plaisir de sçavoir, avide de tout connoître, vous
serez bien-aise d'en être instruit. Les
Physiciens & les Naturalistes, qui
ont fait différentes recherches sur les
Poissons, tant sur ceux de la mer,
que sur ceux des rivieres, n'ont point
touché à ce que je vais soumettre ici
à votre critique. Moi-même, je l'aurois toujours ignoré, si un hazard favorable ne m'avoit conduit sur les
lieux. Il y a dans le fond des Provinces mille industries particulieres, qui
faute d'Observateurs ne sont point
connues, & qui cependant méritent
beaucoup de l'être. Je sçai que vous
vous plaisez à recueillir ces sortes
d'industries, d'autant plus dignes de
votre attention, qu'une main habile
comme la vôtre pourroit encore les
perfectionner.

Avant que de venir à la pêche de
Châteaulin, permettez-moi, s'il vous
plaît, quelques remarques préliminaires ou générales. Si elles n'ont pas
à vos yeux le mérite de la nouveauté, du-moins en auront-elles un autre

qui eſt auſſi rare parmi les Phyſiciens, celui de la brieveté.

Les Saumons forment un genre de poiſſons aſſez ſingulier. Ils naiſſent dans les rivieres, deſcendent enſuite à la mer, & retournent chaque année dans les mêmes rivieres, juſqu'à ce qu'ils meurent, ou, ce qui leur arrive plus ordinairement, juſqu'à ce qu'ils ſoient pris. J'ajoûterai que, quand ils entrent dans une riviere, ils la remontent conſtamment, quelquefois à plus de cent lieues de ſon embouchure, de ſorte que dans des Villes très-éloignées de la mer, on a le plaiſir de prendre un poiſſon, qui ne ſe prend guéres en pleine mer. Effectivement, quoique la riviere de Châteaulin ſe décharge dans la rade de Breſt, je ne ſçache point que dans cette rade on ait jamais pris de Saumons : ce qui doit paroître d'autant plus étonnant, que la pêche y eſt d'ailleurs très-abondante. Vous en verrez, Monſieur, bientôt la raiſon, qui eſt elle-même ſinguliere.

Une autre particularité qui diſtingue les Saumons, c'eſt qu'ils ne vien-

nent jamais que par grosse troupe,
& comme en armée. J'avoue que
quelques autres poissons se trouvent à
peu près dans le même cas ; tels que
les Harengs, les Maquereaux, les
Thons, les Sardines, &c. Mais il y a
sur cela une différence à faire, & une
différence essentielle. Les Harengs,
quand ils se jettent sur les côtes de
Normandie, y sont attirés par une
infinité de petits vers dont la mer est
alors couverte. Ces vers ont été mieux
décrits par Rondelet, que par tous
les autres Naturalistes. Il les appelle
Chenilles de mer, & ils sont très-
communs dans les mois de Juin,
Juillet & Août. Les Maquereaux se
rassemblent à l'entrée du printems,
pour paître en compagnie une espece
d'Algue Marine, qui tient du *Fucus
angustior, foliis palma in modum divisis,*
d'Imperati & de Morison, & du *Fucus rubens, valde ramosus, capilla-
seus,* de M. Tournefort, dont ils sont
extrémement avides : & suivant que
les côtes abondent en cette espece
d'Algue, les Maquereaux viennent
avec plus ou moins d'ardeur pour la

ronger. Au reste, je n'en donnerai
point ici de description, les Plantes
Marines étant si sujettes à varier dans
leurs principales parties, qu'assez souvent on les méconnoît d'une année à
l'autre. Les Thons, quand ils se répandent sur les côtes de Provence &
de Languedoc, semblent s'y réfugier,
pour chercher un asyle contre les in-
sultes d'un ennemi, dont ils ne peuvent autrement se défendre que par la
fuite. Cet ennemi est le poisson l'*Em-*
pereur, qu'il ne faut point confondre
avec le poisson *Xiphias*, nommé par
les François qui navigent dans le Le-
vant, *Epée*, & par les (1) Italiens,
Pesce-Spada. Rien n'est plus différent

(1) L'Epée, ou *Pesce-Spada*, est un assez
grand poisson. Il s'en voit dans les mers d'I-
talie, qui pesent jusqu'à 200. livres. Sa plus
grande singularité est d'avoir une espece
d'épée, longue de quatre pieds sur six pouces de large, & se terminant en pointe, laquelle il porte au dessus de la bouche. On
ne doit pas confondre ce Poisson avec l'*Em-*
pereur, qui n'est pas trop bon à manger : au
lieu que le *Pesce-Spada* fait l'ornement des
meilleures tables. Un célébre Gourmand,
dont parle Athenée, l'appelloit un mets
divin.

que ces deux fortes de poiſſons. L'*Em-
pereur* a un tel aſcendant ſur les Thons,
timides de leur naturel, qu'à ſon approche ils ſe fauxfilent, pour ainſi dire, les uns ſur les autres, & vont s'é-
chouer à la premiere terre. Les Sardines ne feroient que ſe montrer ſur les
côtes de baſſe-Bretagne, ſi pour les y
retenir, on ne les amorçoit avec une
compoſition préparée en Norvege,
dont il faut alors couvrir la mer. Cette compoſition eſt faite des parties intérieures de tous les gros poiſſons qui
ſe prennent dans les mers du Nord :
compoſition qui eſt devenue un objet
de commerce aſſez important, &
dont la baſſe-Bretagne ne peut point
ſe paſſer pour la pêche des Sardines.
Il eſt inconcevable combien elle y emploie de filets, de bâtimens, de matelots : & au même-tems, combien elle
en retire de profit. Les Sardines preſ-
ſées ou dépouillées de leurs parties
huileuſes, & les Sardines confites au
vinaigre, ſont très-recherchées dans
tous les pays maritimes.

A l'égard des Saumons, ce qui les
invite à s'attrouper & à marcher,

pour ainsi dire, en compagnie, c'est le plus vif, & peut-être le plus noble de tous les instincts, que Lucrece a si bien caractérisé par ces vers adressés à la Déesse Venus :

> *Ita capta lepore*
> *Illecebrisque tuis omnis natura animan-*
> *tum*
> *Te sequitur rapidè, quò quamque indu-*
> *cere pergis.*
> *Omnibus incutiens blandum per pectora*
> *amorem,*
> *Efficis ut cupidè generatim sæcla propa-*
> *gent.*

En effet, quand les Saumons entrent dans une riviere, les femelles vont toujours devant, & les mâles suivent avec différentes vîtesses. Il y a apparence que les plus galans sont les plus pressés. Et quand le tems arrive que les femelles jettent leurs œufs, alors les mâles les fécondent à l'envi les uns des autres : rien ne les arrête, rien ne peut les détourner. Au reste, les Saumons ne fréquentent pas toutes les rivieres. Il y en a deux dans la rade de Breſt preſque égales, & paralléles : mais on ne pêche des Saumons que dans une ſeule. Sans doute que la nourriture qu'ils y trouvent, leur eſt plus convenable, & les attire davantage. C'eſt toute la raiſon qu'on peut rendre de ce choix.

Une remarque que je ne dois pas omettre ici, c'eſt que dans les lieux où ſe fait la pêche des Thons, des Harengs, des Sardines, la mer s'engraiſſe pendant tout le tems que dure cette pêche, & file comme de l'huile. Quelquefois même elle étincelle, ſur-tout quand on la frappe avec des rames, ou plutôt avec leur trenchant : ſans contredit, parce que ces rames développent les parties de feu contenues & empriſonnées dans la matiere huileuſe, qui ſurnage l'eau de la mer. On ne voit rien de ſemblable dans les rivieres où ſe fait la pêche des Saumons, quoiqu'il s'y en prenne des quantités prodigieuſes, & que cette pêche dure pluſieurs mois de ſuite. L'eau n'y eſt jamais troublée, ni épaiſſie. Une autre remarque que je ne dois pas encore omettre, c'eſt

que les poissons qui répandent beaucoup d'huile, & d'ordinaire une huile
fétide, ne sont pas également bons à
manger toutes les années. Il y en a
de certaines, où ils contractent une
qualité dangereuse, & où l'on défend
même d'en apporter dans les marchés, & d'y en vendre. Ceux qui
font peu de cas de cette défense,
éprouvent des démangeaisons, & une
gale presque universelle. On n'a rien
de pareil à craindre des Saumons, de
qui la chair est compacte, & ne se réduit point en huile.

Outre cet avantage, ils ont un instinct qui a quelque chose de particulier, & qu'un Physicien ne doit point
avoir honte d'admirer. On sçait que
l'eau d'une riviere ne va pas également vîte à sa surface, & dans les
autres parties. Proche du fond, elle
est beaucoup retardée par la rencontre
des pierres, des herbes & des autres
inégalités : elle va plus vîte vers le
milieu, & plus vîte encore à sa surface, où tous les corps hétérogenes
& de figure irréguliere sont poussés
vers les bords, comme étant moins

propres que l'eau à un mouvement
uniforme & continu. Cette obfervation eft dûe à feu M. Mariotte, de
l'Académie Royale (1) des Sciences,
& elle fe trouve dans fon Traité du
Mouvement des eaux & des autres
corps fluides. Je l'ai encore vérifiée
dans la riviere de Châteaulin, où
l'eau fait environ deux pieds trois
quarts en une feconde : & j'ai vû avec
plaifir que les Saumons en la remontant, fe tiennent tous le plus près
qu'ils peuvent du fond, au lieu qu'en
la defcendant, ils s'élevent tous à fa
furface. La raifon de cette différente
allure fe découvre aifément. Le courant nuiroit à la marche des Saumons,
& par-là même, quand ils veulent

(1) Dans les fluides circulaires & ellyptiques, tels que les tourbillons de Defcartes,
tous les corps flottans font pouffés des extrémités vers le centre, ou plutôt des deux côtés
du centre, & s'y arrangent en forme de
noyau cylindrique. Au contraire dans les
fluides paralleles, comme les fleuves, les
rivieres & les ruiffeaux, tous les corps flottans en fuivent quelque tems le milieu, &
font enfuite pouffés des deux côtés vers les
bords, où ils s'arrêtent enfin.

remonter une riviere, ils cherchent l'endroit où ce courant eſt le moins fort : & c'eſt toujours au fond. Au contraire, quand ils deſcendent la même riviere, ils cherchent l'endroit où ce courant eſt le plus fort, pour n'avoir qu'à s'y laiſſer aller : & c'eſt toujours à ſa ſurface. Le plus habile Phyſicien pourroit-il rien imaginer, ni exécuter de mieux ?

L'obſervation particuliere de M. Mariotte m'a conduit à une obſervation générale dont j'ai été ſouvent frappé, & avec juſte ſujet. Les bords de toutes les rivieres ſont remplis de ſinuoſités, de détours, d'avances, de faillies, que la Nature ſemble avoir ménagés exprès, afin que l'eau venant à frapper contre ces bords, en fût inſenſiblement retardée, & que le milieu augmentât de force & de rapidité. De là naît un double avantage, dont ſçavent ſi bien profiter ceux qui navigent ſur les rivieres. Les veulent-ils remonter : ils conduiſent leurs batteaux le long des bords, où le courant eſt le moins rapide. Les veulent-ils deſcendre : ils cherchent le milieu

de ces mêmes rivieres, où l'eau les
entraîne avec d'autant plus de vîtesse,
qu'ils sçavent mieux gouverner. Ainsi
la Nature présente aux hommes, non-
seulement tout ce qui peut servir à
leurs besoins si nombreux, si diver-
sifiés, mais encore tout ce qui peut diminuer leurs peines & leurs travaux
dans le cours ordinaire de la vie. Nous
profitons, nous jouissons de mille avantages que même nous ne connoissons
pas, ou que nous ne connoissons
que confusément. *Neque enim necessi-*
tatibus nostris, dit Seneque, *tantum-*
modò provisum est : usque in delicias
amamur.

Tout cela posé, Monsieur, je viens
à l'établissement qui a été fait à Châteaulin pour la pêche des Saumons.
Cet établissement consiste dans un
double rang de pieux, qui traversent
la riviere d'un côté à l'autre, & qui
étant enfoncés à refus de mouton,
forment une espece de chaussée sur
laquelle on peut passer. Ces pieux
sont mis près à près : & il y a encore
de longues traverses assujetties par
des boucles de fer, qui les retien-

nent, tant au deſſus qu'au deſſous de l'eau. A gauche en montant la riviere, eſt un coffre fait en forme de grillage, & ayant quinze pieds ſur chaque face. On l'a tellement ménagé, que le courant de la riviere s'y porte de lui-même ſans aucun effort. Au milieu de ce coffre, & preſque à fleur d'eau, ſe voit un trou de dix-huit à vingt pouces de diametre, environné de lames de fer-blanc un peu recourbées, qui ont la figure de triangles iſocéles, & qui s'ouvrent & ſe ferment facilement. Le Saumon conduit par le courant vers le coffre, y entre ſans peine, en écartant les lames de fer-blanc qui ſe trouvent ſur ſa route, & dont les baſes bordent le trou. Ces lames en ſe rapprochant les unes des autres, forment un cone, & elles s'ouvrent juſqu'à devenir un cylindre. Au ſortir du coffre, le Saumon entre dans un reſervoir, d'où les pêcheurs le retirent par le moyen d'un filet attaché au bout d'une perche. Leur adreſſe eſt en cela ſi grande, qu'ils ne manquent point de retirer auſſitôt celui qu'ils choiſiſſent de l'œil. J'en ai moi-même été souvent témoin.

Les Saumons ne viennent pas toujours avec la même abondance. Quand ils se suivent de loin à loin, & comme des especes de voyageurs, ils se rendent tous dans le coffre, & du coffre dans le reservoir, sans monter davantage. Mais quand ils arrivent par grosse troupe, les femelles attirant les mâles qui redoublent d'ardeur & de force pour les suivre, alors ils passent à travers les pieux qui forment la chaussée, & y passent avec une vîtesse incroyable. A peine les peut-on suivre des yeux. Par ce moyen un grand nombre de Saumons échapperoit aux pêcheurs, s'ils n'avoient attention de s'embarquer dans de petits batteaux plats, & de se couler le long de la chaussée, en y tendant des filets dont les mailles sont extrémement serrées. Tout le poisson qui s'y prend, est aussitôt porté dans le reservoir, où il se dégorge & acquiert un goût plus délicieux. Car il est à propos de remarquer qu'au contraire des animaux terrestres, qu'il faut

nourrir avec foin, pour les trouver &
les manger meilleurs, les poiſſons ont
beſoin de jeuner quelques jours, &
d'être retenus en eau courante, pour
devenir un mets plus agréable & plus
flatteur.

J'ai dit que les Saumons paſſoient à
travers les pieux qui forment la chauſ-
fée de Châteaulin, quoique ces pieux
fuſſent mis extrémement près à près:&
à cette occaſion, Monſieur, j'ajoûterai
une choſe que ſans doute vous n'igno-
rez pas, c'eſt que tous les poiſſons,
plus encore ceux de la mer que ceux
des rivieres, ſont enveloppés d'un
enduit gras & huileux, qui les rend
d'une ſoupleſſe infinie, & avec cela
très-propres à paſſer par les lieux les
plus étroits. Cet enduit ſe renouvelle
à chaque inſtant, & il eſt fourni par
une infinité de petits vaiſſeaux excre-
toires qui viennent aboutir aux vuides
preſque inſenſibles, que les écailles
(1) laiſſent entre elles. Il y a appa-

(1) Les Saumons ſont couverts de petites écailles marquées de taches rondes, les
unes rouſſâtres, & les autres jaunes, qui
produiſent un effet aſſez agréable à la vûe.

rence que ces vaiſſeaux charrient un
ſuc qui leur eſt particulier, & qui ſert
non-ſeulement à nourrir & à accroî-
tre les écailles, mais encore à les tein-
dre de diverſes couleurs, quelques-
unes ſi brillantes que l'art le plus ex-
qüis auroit de la peine à les imiter.
On parle de pluſieurs autres uſages
à quoi cet enduit gras & huileux paroît deſtiné, comme à défendre le
ſang des poiſſons du froid de l'eau,
qui devroit naturellement les tranſir,
& à redoubler leur chaleur naturelle
par la réflexion, ou le renvoi des
exhalaiſons du corps: ce qui devient
tout-à-fait néceſſaire dans l'Océan
Septentrional, où le froid n'épargne-

Il eſt vrai que quelques autres poiſſons en
manquent tout-à-fait. Mais on trouve que
leur peau, ſi on la conſidére bien au Microſcope, n'eſt elle-même qu'un tiſſu d'é-
cailles très-minces qui échappent aux yeux.
Lecuwenhoeck a pouſſé encore plus loin ſes
obſervations Microſcopiques; & il a trouvé
des écailles juſques dans la peau qui revêt
le corps humain; écailles qui ſont auſſi analogues à celles des poiſſons, que le fluide
dans lequel ils nagent eſt analogue à l'air
dans lequel nous vivons.

roit aucun poiſſon. Vous ſçavez auſſi
quelle quantité d'huile ou de lard fon-
du ſe tire d'une Baleine ſeule de 70.
pieds de long : il y en a juſqu'à 90. &
100. Jugez par-là, Monſieur, combien doit être grande la hardieſſe de
ceux qui vont à la pêche de pareils
(1) monſtres.

Outre le Saumon ordinaire, que
tous les Naturaliſtes ont aſſez bien
décrit, il y en a un autre dont ils n'ont
point parlé, & qui peut être nommé
Saumon coureur. Il différe du pre-

____

(1) Pluſieurs Auteurs ont avancé qu'il
y avoit des Baleines de 100. de 150. & de
200. pieds de long : & moi-même je l'ai dit
ſur leur rapport, dans la premiere édition
de cet ouvrage. Mais ayant depuis conſulté
des Armateurs & des Capitaines de navires *Baleiniers* de Saint Jean de Lux, ils
m'ont aſſûré que vers le détroit de Davis,
on ne prenoit que des Baleines de 70. pieds
de long, & un peu au deſſus; mais que dans
les mers d'Amérique, & ſur-tout vers les
Bermudes, on en prenoit de 90. & de 100.
pieds de long. C'eſt auſſi ce que confirme le
premier Volume des Tranſactions Philoſophiques. Mais ſi les Baleines des Bermudes
ſont plus longues, celle du Groënland ſont
beaucoup plus épaiſſes.

mier par trois endroits : par son corps,
qui est plus long & plus mince, plus
favorablement taillé pour fendre les
eaux ; par sa chair, qui est si glaireuse,
que ceux mêmes qui se contentent de
mêts vils & grossiers, n'en peuvent
point manger ; par sa queue, qui est
très-large & très-flexible, & dont il
se sert avec un art infini. Cette espece de Saumon vient continuellement sur l'eau, qu'il frappe du plat
de sa queue, mais avec une vîtesse si
soudaine & si brusque, que l'eau s'arrête en quelque maniere, & devient
à son égard un corps solide, par le
moyen duquel il s'éleve douze à quinze pieds au dessus de sa surface. D'autres poissons ont la même faculté, &
même le plus énorme de tous, qui
est (1) la Baleine. On la voit quelquefois bondir, & s'élancer hors de

____

(1) Il y a un autre poisson qui n'est pas
moins monstrueux : c'est celui qu'on nomme *Raïa Maxima, circinata & cornuta*. Il a
ving , & souvent vingt - quatre pieds de
longs. Il s'élance hors de l'eau d'une grande
hauteur, & se laissant retomber tout-à-coup,
il fait un bruit affreux par sa chûte.

la mer de quinze à vingt pieds de haut : elle retombe enfuite avec un bruit épouvantable. Il me paroît que cette méchanique approche aſſez du vol des oiſeaux. Je dis qu'elle en approche aſſez : car au fond je ſens bien en quoi ces deux choſes différent. Quand un oiſeau s'éleve, & que pour cela il étend ſes aîles qui étoient pliées & les abbaiſſe, il pouſſe au même inſtant l'air en embas ; mais il le pouſſe avec une *preſteſſe* ſi grande, que cet air ne pouvant circuler & remonter en haut aſſez promtement, devient une eſpece de corps ſolide qui lui réſiſte, & ſur quoi ſon aîle abbaiſſée s'appuie : ce qui forme tout le jeu, mais le jeu ſurprenant & admirable, du vol des oiſeaux.

Il m'eſt venu ſur cela, Monſieur une penſée que je ſoumets à votre jugement. Vous en déciderez, s'il vous plaît. Lorſque la mer ſe retire, on voit ſur tous ſes bords une infinité de petits vers de couleur rougeâtre, qui ſe dégagent peu à peu, & ſortent du ſable, & qui, ſelon toutes les apparences, viennent reſpirer un air nou-

nouveau. Rien n'attire plus les poiſſons que ces ſortes de vers, ils en paroiſſent tous extrémement friands,
& l'on remarque que la facilité qu'ont
quelques-uns d'entr'eux de s'élever
au deſſus de la ſurface de l'eau, leur
ſert encore plus pour ſe jetter ſur les
rivages que la mer a abandonnés, &
pour y ſaiſir (1) ces mêmes vers.
Aucun mets ne paroît plus à leur goût.
Ici, pourroit s'appliquer ſans peine
le principe reçû de quelques Philoſo-

(1) Je crois que ce motif excite tous les
poiſſons médiocres. A l'égard des gros, ils
ſont encore continuellement ſollicités à s'é-
lancer hors de l'eau, par le grand nombre
d'inſectes de mer qui les tourmentent.
Boccone, qui a étudié ces inſectes plus que
tous les autres Naturaliſtes, & qui a eu occaſion de les examiner ſur les côtes de Sicile, leur donne le nom d'*Hirudo* ou d'*Acus
caudâ utrinque pennatâ*, à cauſe de leur action, qui eſt de s'inſinuer dans la chair des
gros poiſſons, & de ſuccer leur ſang. Ce que
fait l'inſecte, par le moyen d'une trompe
creuſe & ſemblable à une petite cannule. Il
l'enfonce dans la chair du poiſſon auquel il
s'attache, & l'enfonce auſſi profondément
qu'une tarriere. Par cette manœuvre il ſe
nourrit ſans peine & ſans obſtacle, de ſon
ſang.

phes , que la Nature ne fait rien qu'elle n'ait une raiſon ſuffiſante pour le faire. En effet, à quoi ſerviroient tant de millions d'inſectes cachés dans le ſable de la mer , & qui ne ſe montrent que lorſqu'elle ſe retire, s'il n'y avoit en même tems des poiſſons qui euſſent une ſorte d'adreſſe pour les aller chercher , & du goût pour s'en nourrir ?

Après toutes ces réflexions, Monſieur , que peut-être vous ne trouverez point déplacées , je reviens à l'Hiſtoire de la pêche de Châteaulin, qu'il eſt tems de finir. Cette pêche s'ouvre vers le milieu du mois d'Octobre , les Saumons commençant alors à goûter la riviere, & les pêcheurs jugent à certaines marques qui leur ſont propres , ſi la récolte en ſera bonne ou mauvaiſe. Je ne parlerai point de ces marques. Vous ſentez bien , Monſieur, qu'elles dépendent toutes d'un vain caprice, & ne ſont fondées ſur aucun principe , quel qu'il ſoit. C'eſt ainſi que preſque tous les états de la vie croyent avoir des obſervations qui leur ſervent de régles : mais qu'on les approfondiſſe ces prétendues obſervations, rien ne paroîtra plus frivole ni plus chiméri-que ; on ne les trouvera liées à rien de raiſonnable.

Les premiers Saumons ainſi paſſés, les autres accourent en plus grand nombre, & la pêche augmente in-ſenſiblement. Vers la fin de Janvier, elle ſe trouve dans ſon fort, & elle ſubſiſte à peu près ſur le même pied, pendant les mois de Février, de Mars & d'Avril. On prend alors des quan-tités prodigieuſes de Saumons. En Mai, les femelles jettent leurs œufs, qui ſont en même tems fécondés par la ſemence des mâles attachés à leur ſuite. Auſſi commence-t'on à voir la ſurface de la riviere ſe couvrir de petits Saumons, qui ne demandent que la mer, & vont ſe rendre à leur patrie commune. Dès ce moment la pêche diminue, & les Saumons qui ſe laiſſent prendre, portent avec un air foible & preſque hébété, je ne ſçai quel goût déſagréable. Enfin, ils diſpa-roiſſent tous au mois de Juillet, que la récolte des chanvres ſe trouvant

finie,

finie, on les met à roüir dans les eaux courantes : & comme toutes ces eaux communiquent les unes aux autres, elles s'infectent en peu de tems, & contractent une qualité malfaisante, qui chasse les poissons de tous les ruisseaux, & de toutes les rivieres qui abbreuvent la basse-Bretagne. Peut-être croiriez-vous qu'il faudroit abolir l'usage de faire ainsi roüir les chanvres : tout au contraire. Ces chanvres sont trop utiles, trop indispensables, premierement au Royaume, pour les cordages dont la Marine a besoin ; en second lieu à la Province pour les toiles qui s'y fabriquent, & sur-tout pour les toiles à voiles. La sûreté de la plûpart des vaisseaux, & même des barques qui font le cabotage, dépend de leur bonne qualité.

Aussitôt que les Saumons commencent à quitter la riviere, on leve les éventeaux qui tiennent à la digue, afin que le poisson qui s'est porté au dessus, puisse redescendre avec facilité. Ces éventeaux ressemblent assez aux bascules des Moulins à eau. Une fois ouverts, toute la riviere fe débouche, & elle prend une couleur tirant fur le jaune, qui provient de la teinture des chanvres qu'on y a fait roüir.

Il me refte encore deux éclairciffemens à vous donner, Monfieur, & que je fouhaite que vous lifiez avec plaifir. Le premier regarde cette couleur rouge qu'affectent les Saumons, étant cuits en entier, & qu'ils n'ont prefque plus, quand on les coupe par morceaux, & qu'on les fait legerement griller. Pour découvrir d'où pouvoit venir cette couleur, j'ai ouvert plufieurs Saumons fur le lieu même & au fortir de l'eau, (cette expérience couteroit cher à Paris) & j'ai trouvé qu'ils avoient tous dans l'eftomac un petit corps rouge affez femblable à une grappe de grofeille, qui cédoit facilement fous les doigts. J'ai tâché enfuite de faifir ce petit corps, & l'ai jetté dans un verre d'eau tiede, qui a pris fur le champ un œil rouge. Il y a apparence que quand le Saumon eft cuit en entier, ce petit corps fe diffout & communique par une efpece de transfufion infenſible, ſa couleur à toutes les parties du poiſſon : au lieu que quand ces parties ſont coupées & ſéparées les unes des autres, elles ne peuvent recevoir la même (1) couleur, & ne la reçoivent point effectivement. Lorſqu'un Saumon eſt gardé ſept ou huit jours, (il peut encore être gardé plus longtems, ſans ſe corrompre) cette petite grappe ſe transforme en une eſpece de boue fine & legere, qui a les mêmes propriétés jointes aux mêmes effets.

Le ſecond éclairciſſement, plus néceſſaire encore que le premier, roulera ſur une choſe que j'ai avancée au commencement de cette Lettre, ſçavoir, que les Saumons reviennent tous les ans dans la même riviere où ils ſont nés, & cela juſqu'à ce

(1) On fait à Archangel, ſur la mer blanche, un grand commerce de Saumon ſalé & fumé. Il s'en trouve auſſi, dit Corneille le Brun, d'une eſpece particuliere, qui eſt blanc, & que les Moſcovites nomment *Meelma*. Ce Saumon ſe prend ſur les côtes de Lapponie ; & on le fait ſecher avant que de le tranſporter.

qu'ils meurent ou qu'ils foient pris.
Comment, me direz-vous, a-t'on pû
fçavoir cette particularité, qui a
échappé à tous les Naturaliftes anciens & modernes ? Il eft à propos
de vous en inftruire. J'avois chargé
les pêcheurs de Châteaulin de retenir
une douzaine de Saumons, parmi
ceux qui defcendent la riviere, &
après leur avoir attaché à chacun un
petit cercle de cuivre vers la queuë,
de les remettre dans l'eau : ce qu'ils
ont exécuté avec beaucoup d'adreffe,
& en trois années différentes. J'ai
enfuite fçû d'eux-mêmes qu'ils avoient
repris quelques-uns de ces Saumons,
une année cinq, une autre année
trois, une autre enfin deux. La difpofition du coffre, & plus encore du
refervoir où le coffre aboutit, rendoit cette obfervation très-aifée.

Je me reffouvenois d'ailleurs d'en
avoir lû quelques-unes de femblables. Les Princes d'Afie qui aiment
la pêche avec autant (1) de paffion,

____

(1) Une des occupations auxquelles les
Turcs prennent le plus de plaifir, c'eft la

& peut-être de fureur, que les Princes d'Europe aiment' la chaffe, font
mettre avec art de petites chaînes d'or
ou d'argent aux poiffons extraordi-
naires qu'ils prennent, pour voir fi
ces poiffons remis dans l'eau, vien-
dront encore fe prendre à leurs filets : & il arrive fouvent qu'une pareille curiofité leur réuffit. On affûre
même que c'eft par des poiffons ainfi
marqués qu'on a reconnu la communication de la mer Cafpienne avec la
mer Noire : ce qui n'empêcheroit
point encore fa communication avec
le Golfe de Perfe, dont plufieurs
Voyageurs rapportent des preuves
affez vraifemblables, fondées fur certaines plantes aquatiques qui naiffent
vers le printems dans la mer Caf-

pèche : & ils ont plufieurs manieres de la
faire qui font toutes affez fingulieres, comme de pêcher la nuit, aux flambeaux. Les
Chinois font auffi fort fenfibles au même
plaifir, & ils élevent des oifeaux particuliers, qui, au rapport du Pere Martin
Martinius, dans fa Defcription Geographi-
que de la Chine, reffemblent affez à un
Corbeau, & ont le bec d'une Aigle, avec
un long cou.

pienne, & qu'on voit à demi flétries
fur la fin de l'automne dans le Golfe
de Perfe, où apparemment elles ont
été entraînées par des conduits fou-
terrains. . . Je fuis tout à vous, Monfieur, avec toute l'eftime qui vous eft
dûe.

ECLAIRCISSEMENT.

Comme je vous ai parlé dans le
cours de ma Lettre du commerce des
chanvres, & de l'infection qu'ils caufent à toutes les rivieres de baffe-Bre-
tagne, lorfqu'on les y fait roüir, je
crois pouvoir ici vous faire part d'une
remarque affez curieufe que j'ai faite
fur la même plante. On diftingue
deux fortes de chanvre : l'un qui produit la graine propre à perpétuer l'efpece ; & l'autre, qui au lieu de graine, ne contient dans fa houpe qu'une
pouffiere très-fine, très-volatile, & d'u-
ne odeur défagréable. La premiere efpece fournit une filaffe plus forte, plus
longue, plus fufceptible de réfiftance
que la feconde : auffi eft-elle toute
deftinée aux ouvrages de Corderie,

tant pour les vaisseaux du Roi, que pour ceux des particuliers. La seconde espece produit une filasse plus souple, plus douce, plus aisée à manier, & elle ne sort guéres du pays où elle s'employe à faire de la toile d'un meilleur usage que celle de lin. On teille tout le chanvre qui porte de la graine, c'est-à-dire, qu'on arrache avec la main son écorce, après qu'elle a trempé dans l'eau. Pour le chanvre qui ne contient dans sa houpe que de la poussiere, on se contente de le broyer, ou de le briser entre deux ais de chêne, avec une espece de levier qui est de même bois, qu'on arrête par un des bouts. Au reste, Monsieur, ce que j'appelle la houpe, par rapport au chanvre regardé comme plante, ce sont les feuilles posées les unes sur les autres, & qui forment sa tête ou le sommet de sa tige.

Quoique ce petit détail ne vous offre rien de nouveau, il a bien fallu y entrer avant que de venir au principal point de ma remarque. On appelle ici & par-tout ailleurs, chanvre mâle celui qui porte la graine, & chanvre

femelle celui qui ne contient que la
pouſſiere, qu'on tire de la houpe, en
la battant avec force. Cependant ce
devroit être l'oppoſé.

Le chanvre mâle eſt véritablement
celui qui fournit la pouſſiere propre à
féconder les graines que porte le chanvre femelle : & ils doivent ſe trouver pêle-mêle les uns avec les autres,
afin que la pouſſiere enlevée par le
vent ſe répande ſur les graines, & les
pénétre de tous les côtés, à peu
près comme fait la pouſſiere des éta-
mines, par rapport au piſtil des fleurs.
De-là ſuit auſſi que, comme ces éta-
mines ſont toujours un peu plus hautes que le piſtil, de même les tiges du
chanvre mâle ſont toujours plus hautes que les tiges du chanvre femelle,
afin que la pouſſiere s'en détache plus
aiſément. Ce qui a jetté juſqu'ici dans
l'erreur, c'eſt que ſans avoir aucun
égard, ni à la graine, ni à la pouſſiere, on a appellé mâle le chanvre le
plus ferme ; & on a donné le nom de
femelle à celui qui s'eſt trouvé le plus
ſouple. Après tout, les mêmes graines produiſent, & le mâle, & la fe-

melle : du-moins on ne remarque en elles aucune différence, quoiqu'on les examine avec toute l'attention poffi-ble, & même au Microfcope.

Le chanvre, comme on voit, eft l'écorce de la plante qui porte ce nom, & qu'on a laiffée quelque tems dans l'eau s'humecter, pour la détacher plus facilement. Cette écorce s'enleve par de longs filamens, & le bois qui lui fert de foutien, s'appelle chene-votte. Il n'eft d'aucun ufage en France, & les payfans le jettent au feu, à mefure qu'ils teillent le chanvre. Cependant on ne le néglige point dans tout le Nord : & c'eft ce bois qu'on y employe à la confection de la poudre à canon, que tout le monde fçait être un mêlange gradué de falpêtre, de fouffre & de charbon. En France au contraire on ne fe fert que de bois de bourdaine, qui appa-remment ne produit point un fi bon effet, puifque toute la poudre qui vient du Nord, eft fans contredit fupérieure à celle qui fe fabrique par-mi nous. Comme il eft à propos de profiter de tout ce que les Etrangers ont d'utile , & qu'en cela confifte le véritable intérêt des Arts, je penfe qu'on pourroit effayer avantageufement la chenevotte dans les Moulins à poudre, & même lui donner la préférence fur le charbon qui vient des autres bois. Ce feroit un nouveau motif qui engageroit encore à la culture des chanvres, & qui tourneroit au profit & à la fûreté du Royaume.

EXPLICATION
des Figures.

PLANCHE I.

1. Maison des Pêcheurs.
2. Coffre où entre le Saumon.
3. Trou qui sert à faire entrer le Saumon dans le Coffre.
4. Autre trou par lequel le Saumon sort du Coffre.
5. Chaussée qui traverse la Riviere.
6. Ecluses ou Eventaux.
7. Ruisseau qui conduit au Coffre.
8. La Riviere de Châteaulin.
9. Petite Isle derriere laquelle est le Reservoir où se gardent les Saumons.
10. Prairies.
11. Batteaux & Files des Pêcheurs.

PLANCHE II.

La Figure premiere repréfente l'é-
lévation de l'entrée du Coffre.
La feconde en repréfente le plan.

Auc.   Mathey Sculp.

Auctor Inv. et delin.
Mathey Sculp.

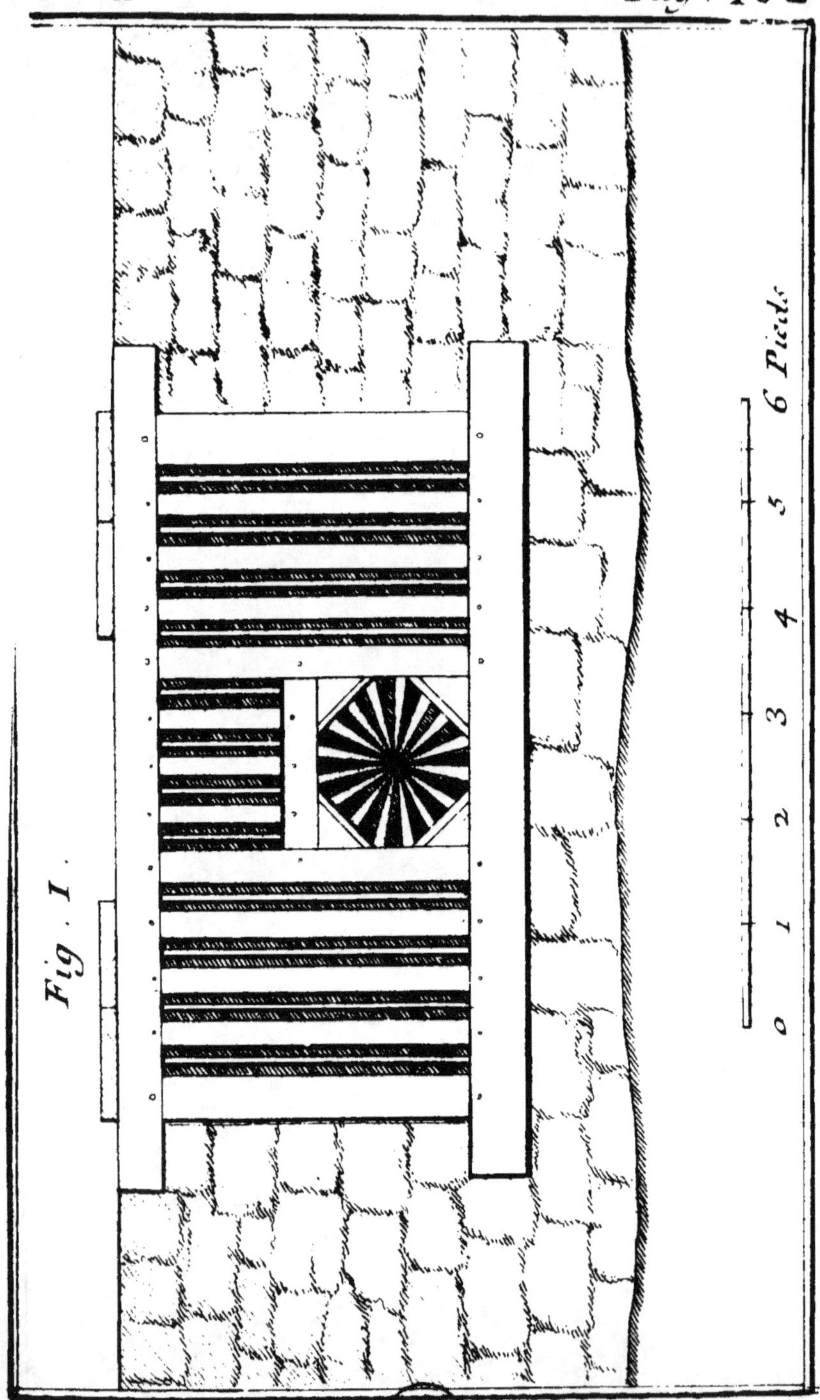

Auctor Inv. et del.   Mathey Sculp.

Suit
Au
Mathey Sculp.

Auctor Inv. et delin.   Mathey Sculp.

SUR

LES SYMPATHIES

& les Antipathies, avec
quelques remarques de
Physique & d'Anatomie,
pour expliquer ce qu'el-
les font.

Causas cùm semper requiro, numquam reperio quas esse veras confidam, sed fortasse verisimiles.

Vel. Paterculus.

TRAITÉ

SUR LES SYMPATHIES & les Antipathies, avec quelques remarques de Physique & d'Anatomie, pour expliquer ce qu'elles sont.

LETTRE A M. * * *

IL me semble, Monsieur, qu'on a grand tort de reprocher à la jeune Marquise de C.... son aversion pour les Chats. Vous connoissez, & la beauté de son esprit, & la noblesse de ses sentimens. Vous sçavez qu'elle ose être Philosophe dans un âge où il sied à peine d'être raisonnable. Ainsi cette aversion n'est point en elle une foiblesse : c'est un instinct naturel,

une impreſſion ſecrette qu'elle n'a jamais pû vaincre ni corriger. Je l'ai vûe quelquefois avoir honte d'elle-même, & s'en plaindre ſérieuſement. Mais je lui conſeillois toujours, avec un ris moqueur, de badiner d'une choſe qui n'étoit pas en ſon pouvoir, & qui après tout devoit lui paroître aſſez indifférente. » Combien d'au-
» tres perſonnes, lui diſois-je, ont
» eu la même averſion que vous, ſans
» avoir craint d'en être deshonorées :
» averſion qui peut ſe nommer avec
» Perſe, *Vita neſcius error ?* Henri III.
» même dans le tems où il n'étoit
» que Duc d'Anjou, tems le plus diſ-
» tingué de ſa vie, ne pouvoit de-
» meurer ſeul en une chambre où
» étoit un Chat. On aſſûre la même
» choſe du Maréchal Duc de Schom-
» berg, Gouverneur de Languedoc,
» qui vivoit ſous Louis XIII. L'Em-
» pereur Ferdinand fit voir à Inſpruch
» au Cardinal de Lorraine, un Gentil-
» homme qui avoit tant de peur des
» Chats, qu'il ſaignoit du nez à les
» entendre ſeulement miauler de loin.
» Tout cela, lui ajoûtois-je, montre

» clairement combien la Nature se
» joue en nous produisant, combien
» nous dépendons d'elle , combien
» elle a de force pour assujettir les plus
» grandes ames à ses caprices. En ef-
» fet , toutes les antipathies ne consis-
» tent que dans la disposition des or-
» ganes : & le judicieux Descartes a
» eu raison de dire dans son Traité des
» Passions : que *nous ne remarquons*
» *pas qu'il y ait aucun sujet qui agisse*
» *plus immédiatement contre notre ame ,*
» *que le corps auquel elle est jointe.* «

Vous approuverez sans doute, Monsieur, ces paroles de notre Philosophe François, qu'on ne loue pas , ce
me semble, depuis quelques années
autant qu'il mérite de l'être. C'est ,
comme il le dit , c'est de la disposition particulière des organes que viennent toutes ces aversions, dont ceux
mêmes qui les éprouvent, ignorent
la cause, & qu'ils voudroient vaine-
ment surmonter. Le vieux Duc d'E-
pernon , qui devoit toute sa fortune à
Henri III. & qui sçût la soutenir par
son orgueil & sa fermeté dans les tems
les plus fâcheux, s'évanouissoit à la

vûe d'un Levraut. Jamais cependant on ne l'accusa de foiblesse, lui, qui étoit le plus fier & le plus intraitable de tous les hommes. César Phœbus d'Albret, qui fût fait Maréchal de France en 1653. & Chevalier du Saint-Esprit en 1669. ne pouvoit à un repas voir servir un Marcassin ou un Cochon de lait, sans se trouver mal. Il se remettoit pourtant d'un air gai, si on leur ôtoit seulement la tête. M. Wanghneim, Grand-Veneur de Hanover, tomboit en foiblesse, ou s'enfuyoit au plus vîte, quand on lui présentoit du Porc rôti. Uladislas Jagellon, Roi de Pologne, qui pendant un demi-siecle affronta toutes sortes de périls, & montra une valeur supérieure aux évenemens, se troubloit & prenoit la fuite, quand il voyoit des pommes : & si par mégarde on en faisoit sentir à du Chesne, Secretaire des commandemens de François premier, il lui sortoit par le nez une grande quantité de sang. Je pourrois rapporter plusieurs autres exemples semblables : mais je craindrois de faufiler des choses certaines, parmi d'autres fort douteuses. Il est d'ailleurs aisé de trouver dans le commerce ordinaire de la vie, des gens sujets à ces fortes d'antipathies. *Ex Libris colligere quæ prodiderunt auctores, longè est periculosissimum : rerum ipsarum cognitio verâ è rebus ipsis est* (1). Quoi qu'il en soit, tout ce qui vient de la Nature & non de la volonté, du tempéramment & non de l'éducation, renferme une suite d'énigmes, & d'énigmes inconcevables pour nous.

Quelquefois pourtant on peut soupçonner une cause secrette de ces fortes d'antipathies : & alors on en est moins étonné. Jacques II. Roi d'Angleterre, par exemple, ne pouvoit voir une épée nue sans pâlir, & sans tomber dans une espece de défail-

(1) Cette Epigraphe se trouve à la tête de l'ouvrage du Chevalier Thomas Browne, Docteur en Médecine, lequel a pour titre : *Essai sur les erreurs populaires*, &c. Quoique cet ouvrage ait été imprimé sept fois en Angleterre, & qu'on l'ait traduit en François, je ne le trouve pas moins rempli de bagatelles, & de cette fausse Philosophie, qui consiste plus en paroles qu'en faits, en raisonnemens qu'en observations.

lance. Aussi pendant tout le cours de
son regne , se piqua-t'il plus d'être
Théologien que Capitaine , de dis-
puter sur des matieres de Religion ,
que de soutenir par les armes la gloi-
re & la réputation de ses Etats. Il re-
jettoit la cause de cette timidité naturelle , sur ce que la Reine sa mere
étoit enceinte de lui , lorsque David
Riccio fût si cruellement assassiné presque à ses yeux (1). La frayeur dont
la mere fût frappée , rejaillît sur l'enfant , à peine formé , & incapable
d'y résister. Il fut toute sa vie crain-
tif , irrésolu , incertain : & comme le
lui reprochoit un jour le Comte de
Gondemar , Ambassadeur d'Espagne ,
il étoit revêtu de la pourpre des Rois ,

(1) Cette Reine est l'infortunée Marie
Stuart , célébre par ses imprudences amou-
reuses , plus célébre encore par sa mort tra-
gique. L'attachement vif & tendre qu'elle
témoigna pour David Riccio , Italien , qui
de vil joueur de Luth étoit devenu son principal Favori , envenima toute la Cour
contre lui. Un jour qu'il dinoit avec la
Reine , les Conjurés entrerent brusque-
ment dans la chambre où le couvert étoit
mis , & le tuerent presque à ses yeux.

mais il avoit toutes les manieres & tout le langage d'un Pedant. *Noi habbiamo veduto*, dit le Taſſoni dans ſes Penſées diverſes, *il Re Giacomo d'Inghilterra beffeggiato e ſchernito per aver voluto fare del' litterato.*

Aux exemples que j'ai cités des averſions connues de quelques Hommes de Guerre & d'Etat, j'en ajouterai d'autres des averſions également connues de quelques Sçavans, & de quelques Philoſophes : & peut-être que ces derniers exemples ne feront pas de la moindre importance en cette matiere. Eraſme, qui avoit l'eſprit ſi doux & ſi bienfait, d'ailleurs ami ſincere de la vérité, avoit tant d'antipathie pour le poiſſon, qu'il n'en pouvoit même ſentir, ſans avoir la fiévre : & ſon Antagoniſte Jules-Céſar Scaliger avoüoit lui-même, que l'odeur du Creſſon lui donnoit des nauſées, & qu'il ne pouvoit en regarder fixement ſans frémir de tout ſon corps. Thyco-Brahé, qu'un amour ardent de l'Aſtronomie conduiſit dans l'Iſle de Ween, qu'il nomma Uranibourg, changeoit de couleur, & ſen-

toit ses jambes défaillir à la rencontre d'un Liévre, ou d'un Renard : &
aüssitôt il s'alloit cacher dans son
Obfervatoire, pour n'en point sortir
de quelques jours. Thomas Hobbés,
qu'une Philofophie audacieufe éleva
prefque à l'athéïfme, manquoit de
force & de courage, dès qu'on le
laiffoit la nuit fans lumiere. Le Chan-
cëlier Bacon, un des premiers reftau-
rateurs de l'efprit Philofophique,
tomboit en défaillance, toutes les
fois qu'arrivoit une Eclypfe de Lune : & fa défaillance duroit autant
que l'Eclypfe elle-même. Cette fin-
gularité n'a point manqué d'être obfervée par l'Auteur Anglois, qui en
1740. donnant une nouvelle édition
(1) de fes ouvrages, a auffi donné
une nouvelle hiftoire de fa vie. Le
Chevalier Boyle, à qui la Phyfique
expérimentale, & la Chymie, ont
tant d'obligations, quoiqu'il fût naturellement crédule & fuperftitieux,
tomboit dans des convulfions, lorf-

(1) V. The Works of Francis Bacon, &c.
To which in prefixed à new Life of the Au-
thor. London. 1740.

qu'il entendoit le bruit que fait l'eau, en fortant par un robinet. Quelles bizarreries !

Dans les pays où l'on ufe beaucoup de lait, de fromage & de beurre, il fe rencontre fouvent des perfonnes qui ont une telle antipathie pour ces alimens, quoique très-communs, qu'aucune raifon ne peut les en faire revenir. C'eft ce qui a produit les deux ouvrages fuivans : l'un de Sigifmond Schmieder, Médecin Allemand, lequel a pour titre, *De Antipathiæ Phænomenis ad fuas caufas revocatis* ; l'autre de Martin Schoockius, Profeffeur en Philofophie & en Hiftoire dans diverfes Univerfités de la Hollande, lequel a pour titre, *Tractatus de Butyro, cui acceffit Diatriba de averfatione cafei.* Schookius, qui lui-même étoit fujet à cette antipathie, l'explique de la maniere fuivante. Qand une nourrice, dit-il, devient groffe, fon lait s'épaiffit, fe grumele & fe tourne comme en fromage, de maniere que l'enfant qui eft encore à la mamelle, n'y trouve plus la faveur ni l'aliment accoutumé. Il s'en dégoûte bientôt, &

ce lait caillé lui cause une aversion si forte, qu'il la conserve tout le reste de sa vie.

Les Auteurs qui ont examiné la nature des passions qu'excite la Musique, comme le Pere Kircker dans sa *Phonurgie*, & le Pere Mersenne dans son *Traité de l'Harmonie*, ces Auteurs, dis-je, ont rapporté sur cela des choses singulieres. En voici deux qui ne le sont pas moins. La Mothe le Vayer, ce Pyrrhonien si déclaré, ne pouvoit souffrir aucune sorte d'instrumens, quelque harmonieux que fussent les sons qu'on en tirât : mais il goûtoit un plaisir extrême au bruit du tonnerre & des vents. Le fameux Pellisson, quoiqu'il aimât passionnément la Musique, frissonnoit de tout son corps, quand on lui jouoit certains airs : il se seroit même affoibli, & auroit perdu connoissance, si on avoit persisté à les jouer.

Que ces effets soient produits par la Musique, je n'en suis point étonné : je sçai quel pouvoir elle a, quelles impressions elle fait, sur (1) certaines

(1) Les Anglois font beaucoup de cas

ames

ames naturellement fenfibles & faciles à s'ébranler. Mais que de fimples
paroles produifent les mêmes effets,
c'eft ce qui furprend infiniment. Les
Tranfactions Philofophiques parlent
cependant d'un Chapelain d'un Duc
de Bolton, qui fentoit au cœur &
au fommet de la tête un froid de
glace, lorfqu'on le forçoit à lire le
53e chapitre du Prophéte Ifaïe, &
quelques verfets du premier livre des
Rois. Fabrice Campani, qui joignoit
à tant d'autres connoiffances un talent
particulier de polir des verres de Te-
lefcope, affûre que Dom Jouan Rol,
Chevalier d'Alcantara, tomboit en
fyncope, quand il entendoit prononcer le mot, *Lana*, quoique fon
habit fût de laine. Mais que dira-t'on
de Marguerite de Valois, Reine de
Navarre & Sœur de François I. qui
malgré un génie fupérieur & cultivé
par l'étude, fe troubloit au feul nom

d'un Ouvrage Latin intitulé, *Mufica in-
cantans, five, Poëma exprimens Mufica vires,
juvenem in infaniam adigentis & Mufici inde
periculum. Autore Roberto South, A. B. de
ade Chrifti. 1667.*

G

de *Mort*, & chaſſoit injurieuſement ceux qui oſoient le proférer devant elle ? C'eſt ce qui arriva à un Jardinier, à qui elle demandoit des nouvelles d'un arbre qui avoit toujours porté d'excellens fruits : *Madame*, répondit le Jardinier, *il eſt mort.* Je ſoupçonne pourtant que cette averſion venoit plus du Moral que du Phyſique : je veux dire que la Reine de Navarre avoit une ſi grande frayeur de la mort, qu'elle ne pouvoit même en ouïr prononcer le nom, ſans ſe trouver mal. Il me paroît que l'antipathie du Philoſophe Chryſippe pour les révérences, antipathie ſérieuſement remarquée par quelques Auteurs anciens, étoit de la même nature. Un homme tel que lui, rompu au commerce du monde, ne pouvoit apparemment s'accoûtumer à toutes ces démonſtrations extérieures, où le ſentiment n'a aucune part & où l'on ne cherche qu'à ſe tromper les uns les autres.

Je ne finirois point, ſi je voulois entrer dans un plus grand détail. Je me borne préſentement à ce qu'on appelle la Maladie du Pays. C'est une espece particuliere d'antipathie pour le lieu où l'on est, laquelle se tourne peu à peu dans une vie de langueur & d'amertume, d'autant plus déplorable, qu'aucun remede ne peut la rétablir. Thomas Zwinger, Professeur d'Anatomie & de Botanique à Bâle, a traité ce sujet avec assez d'étendue dans son *Fasciculus Dissertationum Medicarum Selectiorum* &c. & il a fait voir que les peuples du Nord y étoient principalement sujets. Il nomme cette maladie *Pothopatridalgia*, & il conseille à ceux qui en sont attaqués, de regagner au plûtôt le pays natal, de ne point hésiter ni s'amuser en route. Sur cela, il rapporte un air de Musique assez grossier ; mais que tous les Suisses apprennent dès le berceau, & dont ils sont extrémement friands. Cet air a pour eux tant de charmes, il les frappe d'une maniere si victorieuse, qu'ils ne peuvent l'entendre chanter dans les pays étrangers, sans se laisser aller à une mélancholie fâcheuse. Aussi ont-ils soin de l'oublier en sortant du leur, crainte

de se décourager & de se porter même au desespoir : & quand il arrive
que quelqu'un d'entre eux s'attriste,
qu'il devient maigre, sans force &
languissant, il doit en hâte retourner
dans son canton. A peine approche-
t-il de ses frontieres, à peine y entend-
il l'air du pays, le mot du guet, qu'il
se reveille comme en sursaut, & qu'il
guérit.

Tout cela posé, Monsieur, j'aurai
l'honneur de vous repeter ce que je
vous ai dejà dit au commencement de
cette Lettre, c'est qu'on doit épargner ceux qui ont des antipathies marquées. Tout-au-plus les pourroit-on
plaisanter en quelques occasions lé-
geres. Le Maréchal de Clerambaut,
par exemple, ce Courtisan si agréable
& si délié, demandoit un jour de
quelle maniere il falloit traiter un
homme, qui en se battant contre le
Maréchal d'Albret, auroit tenu une
tête de Marcassin de la main gauche,
& son épée de la droite. *La victoire,*
ajoûtoit-il, *ne pouvoit certainement lui*
échapper. En général, toutes ces aversions naturelles ressemblent à certai-

nes difformités du corps , qu'il y auroit
de l'indécence à relever. Ni les unes
ni les autres ne dépendent point de
notre volonté. Voici un trait encore
qui le prouve : & ce fera le dernier
que je rapporterai. Le Chapelain d'un
Seigneur Allemand , difent les Ephé-
merides des Curieux de la Nature , ne
pouvoit voir des fraifes fans dégoût ,
ni en manger fans reffentir des étouf-
femens & des chaleurs. Son corps de-
venoit enfuite tout rouge , comme s'il
eût été attaqué d'une érefipelle générale. Quelques heures après il lui prenoit une fueur abondante , laquelle le
remettoit dans fon état naturel : & il
ne lui reftoit plus que de la foiblefle ,
& une forte d'égarement d'efprit.
Comment expliquer ce jeu de la Nature , & l'expliquer d'une maniere qui
contente un Philofophe ? J'avoue que
cela n'eft point trop aifé : je tâcherai
cependant de le faire , en reprenant
les chofes de plus haut , & en difant
avec le mefuré Lucrece ,

Avia Pieridum peragro loca.

Perſonne n'ignore, du moins en gros, que la délicateſſe des organes dont nos ſenſations dépendent, vient de la délicateſſe des filets nerveux qui ont plus ou moins de facilité à recevoir l'impreſſion des objets extérieurs. Ces filets ſont diſtribués en petites houpes, ſuivant l'ordre que la Nature leur a aſſigné, afin de faire tout l'effet dont ils ſont capables : mais ces effets ſe font ſéparément, & chaque ſens n'a qu'un certain nombre d'objets qui lui ſoient proportionnés, & dont il reçoive l'impreſſion. Ce qui plaît à l'oreille ne flatte point la langue. Un parfum dont l'odorat eſt touché, ne fait aucun plaiſir aux yeux, & en revanche la vûe a des délices & des agrémens qui lui ſont uniquement propres. S'il arrive cependant que pour la perfection entiere d'un ſens, deux autres ſoient en même tems excités ; c'eſt une libéralité de la Nature, qui veut bien accorder à l'homme pluſieurs ſatisfactions à la fois. Mais il n'y en a proprement qu'une qui domine, qui ſoit la maîtreſſe.

On rencontre pourtant certains

hommes privilégiés, qui ont, pour ainsi dire, un sixiéme sens, lequel est répandu par tout le corps, & supplée à ce qui peut manquer aux autres. Ce sens est plus exquis, plus délicat que tous les cinq ensemble ; il est souvent flatteur, & plus souvent incommode. Il suppose, non un mouvement régulier, mais l'irritation de tous les filets nerveux confusément remués : ce qui forme une sensation générale, ou plusieurs qui se mêlent ensemble & s'animent l'une l'autre. On est alors plus surpris que touché, plus entraîné qu'attiré : on ignore ce qu'on sent, parce qu'on sent trop. De-là naissent les Sympathies & les Antipathies, & en général tous ces je ne sçai quoi dont l'ame est piquée sans en pouvoir rendre (1) raison, qui l'agitent & l'é-

____

(1) Voici une Epigramme de Martial, qui revient parfaitement à ce sujet, & qui me paroît d'autant plus ingénieuse, qu'elle est simple & naïve.

Non amo te, Sabidi, nec possum dicere quare.
Hoc tantùm possum dicere, Non amo te.

branlent sans qu'elle y puisse résister. En vain auroit-on recours à une certaine fermeté d'esprit : la Nature devient la plus forte, & l'emporte sur tous les obstacles qui se trouvent à son passage, & qui pourroient l'arrêter. Ainsi les personnes qui ont de l'antipathie pour les Chats, n'ont pas besoin d'être informées qu'il y en ait dans une chambre, pour se trouver mal : elles s'en apperçoivent au moment même qu'elles y mettent le pied. On ne peut sur cela les tromper, ni leur donner le change.

Odi & amo : quare id faciam fortasse requiris.

Nescio : sed fieri sentio & excrucior.

Pendant le long regne de cette Philosophie obscure & mystérieuse, qui se refusoit à toutes les idées clai-

En François.

Je ne t'aime pas, Lycidas.
Ne m'en demande point la cause.
Je ne puis te dire autre chose,
Sinon que je ne t'aime pas.

res, on rapportoit la caufe des Sympathies & des Antipathies à l'afpect
des Planetes, à leurs différentes con-
jonctions & oppofitions. Deux per-
fonnes étoient-elles amies, & portées de bonne volonté l'une pour l'autre : on concluoit auffitôt qu'elles
étoient nées fous le figne de la Balance, ou celui des Gemeaux. Mais aujourd'hui que la raifon a repris fes
droits, fi ce n'eft dans les Colleges
& les Ecoles fubalternes, du moins
dans les Académies, & parmi ceux
qui fçavent raifonner ; les principales
folies de l'Aftrologie judiciaire font
détruites : on s'en moque hautement.
Tout au plus oferois-je faire grace à
un Poëte ingénieux, qui diroit avec
Perfe :

Non equidem hoc dubites, amborum fœ-
    dere certo
Confentire dies, & ab uno fidere duci ?

Je fais grace pareillement à la fa-
meufe Anne-Marie de Schurman, qui
pour excufer le goût fingulier qui la
portoit à manger des Araignées, fou-

tenoit en plaisantant, qu'il falloit qu'elle fût née sous le signe du Scorpion. *Et quelle autre cause*, ajoûtoit-elle en sept ou huit langues qu'elle parloit parfaitement, *pourrois-je donner d'un goût qui m'étonne moi-même?*

A la renaissance de la Philosophie Corpusculaire, je veux dire, de celle qui pour expliquer le méchanisme de la Nature, n'emploie que masses, figures & mouvemens, on crût avoir trouvé la clef des Sympathies & des Antipathies. Il émane sans cesse, disoit-on, des corpuscules infiniment petits, des atomes diversement figurés, de tous les corps : & ces atomes, ces corpuscules pouvant ou s'unir ensemble ou se repousser les uns les autres, forment ou les amitiés, les douces alliances, ou les aversions, les haines mutuelles. Peut-être qu'on n'auroit jamais songé à ces écoulemens continuels de petits corps, si l'on n'avoit auparavant supposé une matiere subtile, comme un agent général dans l'univers, comme une espece de moteur, à qui rien ne resiste. Mais depuis qu'on a entrevû le vrai

fyftême de la Nature, celui de la pefanteur univerfelle & reciproque, des
attractions enfin dont l'effet diminue
en raifon inverfe du quarré des diftances ; il me paroît qu'on a oublié la
matiere fubtile, & qu'on n'explique
plus les Sympathies & les Antipathies
par ces écoulemens magnétiques, qui
follicitent certains corps à s'approcher, d'autres à s'éloigner les uns des
autres. *Obfervare per otium licuit*, remarque le Chevalier Boyle, *complu-*
ra Philofophorum placita, poftquam ali-
quandiu cum plaufu & admiratione
excepta fuiffent, detecto deinde novo ali-
quo natura phænomeno, fcribentibus
priùs ignoto aut non animadverfo, ele-
vata corruiffe.

Je ne parlerai point ici de la Médecine Sympathique, laquelle eft pourtant fi vantée par Jérôme Cardan, *De*
rerum varietate ; par Van-Helmont,
De Magnet. vulner. curandorum ; par
le grand Fernel même, *De abditis re-*
rum Caufis ; par le Chevalier Digby,
dans fon Difcours de la Poudre de
Sympathie. L'un prétend qu'on peut
faire fuer un homme à quelque diftan-

ce qu'il foit, pourvû qu'on ait de fon urine : l'autre aſſûre qu'on peut le purger à la même diſtance, pourvû qu'on ſçache ſous quel ſigne il eſt né, & qu'on écraſe entre ſes doigts la racine de la plante nommée *Latyris*, qui eſt une eſpece d'*Aſarum*, ou de *Sambucus* : l'autre enfin raconte qu'il n'y a point de bleſſure qu'on ne puiſſe guérir, le bleſſé fût-il à cent lieues, pourvû qu'on ait un linge teint de ſon ſang, même depuis pluſieurs années. Et comme toutes ces belles choſes ont été crues par des perſonnes foibles & ſuperſtitieuſes, que peut-être même elles le ſont encore, malgré la lumiere qui brille dans notre ſiecle ; il n'eſt point étonnant que le nombre des Impoſteurs ait été, & qu'il ſoit encore ſi grand. En effet, comme le remarque l'Auteur de l'Art de penſer, quiconque a deſſein de piper le monde, eſt aſſûré de trouver des perſonnes qui ſeront bien aiſes d'être pipées : & les plus ridicules ſottiſes rencontrent toujours des eſprits auxquels elles ſont proportionnées..... Quelque extravagant, ajoûte-t'il un peu plus bas, que foit un raifonnement, il ne manque point d'hommes qui le débitent, & d'autres qui s'en laiffent perfuader.

Je ne parlerai point auffi de l'écriture, ni des converfations fympathiques, dont on peut voir le détail dans les livres de Steganographie de l'Abbé Trithæme, & du Pere Schott Jéfuite. Ces converfations d'une efpece finguliere confiftent à avoir deux Pendules ou deux Bouffolles parfaitement égales, & travaillées avec tant d'art, que de quelque côté qu'on tourne l'aiguille de l'une, celle de l'autre s'y tourne auffitôt d'elle-même, encore que les Bouffoles ou les Pendules foient à une très-grande diftance. Deux amis en fe quittant, par exemple, pourront chacun emporter une de ces Machines, & convenir auparavant des idées qu'ils voudront appliquer à un certain nombre de mouvemens de l'aiguille qui indique les heures, ou les airs de vent. Fuffent-ils enfuite, l'un à Paris, & l'autre à Rome, ils fe donneront mutuellement de leurs nouvelles, & s'avertiront en un inftant de ce qu'ils jugeront à propos, sans craindre, ni les surveillans, ni les ennemis cachés. Il y a beaucoup de secrets semblables, & plus merveilleux encore dans l'Abbé Tritheme : mais il me paroît qu'on ne donne plus dans ces sortes de pieges ; ils sont trop grossierement tendus. Personne ne s'y laisse prendre.

TRAITÉ

Sur diverses Particularités d'Histoire Naturelle, qui regardent l'Angleterre, l'Écosse & l'Islande, tirées des Transactions Philosophiques.

TRAITÉ

Sur diverses Particularités d'Histoire Naturelle , qui regardent l'Angleterre , l'Ecosse & l'Islande , tirées des Transactions Philosophiques.

Sur la Montagne de Snowdon dans le Pays de Galles.

A La cime de cette montagne qu'on appelle *Snowdon - Hill* , on voit l'Irlande depuis l'Oüest $\frac{1}{4}$ de Sud jusqu'au Sud-Oüest $\frac{1}{4}$ d'Oüest : on la revoit encore au Nord-Nord-Oüest , avec les montagnes de Cumberland & de Westmorland au Nord , & la pointe de Saint-Davids au Sud.

Pour la Ville de Caërnarvon & l'Isle
d'Anglesey , elles paroissent au-des-
sous , comme une véritable Carte de
Géographie.

De cette cime , on compte quinze
ou seize Lacs , les uns plus grands ,
les autres plus petits , qui sont tous
formés dans les creux des rochers ,
par les ruisseaux qui coulent en abondance des montagnes. Ces Lacs sont
toujours pleins de Truittes saumon-
nées. Le plus grand contient une Isle
flottante d'environ un demi-mille de
circuit , élevée sur l'eau de 5. à 6.
pouces & qui y est enfoncée de 18.
avec de longues racines filamenteuses
à ses côtés.

Quand on veut monter sur cette
Isle , on l'approche de terre & on
prend une espece d'aviron pour la gouverner , comme si c'étoit un véritable batteau.

Ces Lacs ne târissent jamais : ils
ne gêlent point , même au milieu des
plus rudes hivers.

Sur quelques Isles d'Ecosse très-peu connues.

Ces Isles sont Hirta, Soa & Burra. La premiere est la seule habitée : les deux autres abondent en pâturages excellens. La terre la plus voisine de ces Isles en est éloignée de 50. milles, & on ne peut y aborder, quand les vents regnent depuis le Nord jusqu'à l'Oüest.

Il n'y a que les habitans de Hirta qui osent passer dans l'Isle de Burra ; encore doivent-ils être d'une agilité extrême, n'y ayant qu'un pied de terrein en quarré où ils puissent s'élancer, & cela à mesure que la mer fait hausser la chaloupe où ils sont embarqués. Il faut saisir le moment. Chaque chaloupe est armée de seize Matelots, dont les quatre premiers sautent à terre & grimpent sur le haut des rochers qui paroissent à plus de 24. brasses ou 144. pieds au-dessus du niveau de la mer. Dès qu'il ont tué assez d'oiseaux & rassemblé assez d'œufs pour leur provision, ils la descendent à leurs camarades qui font reftés dans la chaloupe : & le dernier Matelot fe jette dans la mer, d'où on le retire promptement. Si quelque étranger a la hardieffe de vouloir monter fur les rochers de Burra, on l'attache au milieu du corps avec une corde faite de peaux de vache, & on le tire en haut : mais le plus fouvent il paye de la vie fa périlleufe curiofité.

Soa eft au Sud-Oüeft de Hirta. Outre la prodigieufe recolte qu'on y fait d'oifeaux de mer, on y trouve encore une petite Baye où viennent de tems en tems fe refugier des troupeaux entiers de veaux marins. Alors les habitans de Hirta fe mettent quatre à quatre dans de petits batteaux & vont attaquer ces amphibies fouvent dangereux, qu'ils tuent à coups de gaffe & d'avirons. Le vent qui les fait entrer dans cette Baye, eft propre à les en faire fortir. S'il venoit à changer pendant le travail de leur pêche, la mer les engloutiroit tous, & ils n'auroient aucune efpérance ni aucun moyen de réchapper.

Ces trois Isles sont environnées d'un nombre infini d'écueils, à travers lesquels il est peu sûr de naviger. Quelques-uns de ces écueils s'élevent de plusieurs pieds au-dessus du niveau de la mer, & servent de retraite à des milliers d'oiseaux inconnus, mais faciles à prendre.

Hirta a deux milles de long, & presque autant de large. Cette Isle contient dix familles, qui par leurs alliances continuelles semblent n'en former qu'une générale. Les hommes y vieillissent rarement, & plus rarement encore meurent-ils dans leur lit. Les uns se brisent au milieu des rochers, les autres en plus grand nombre se noyent : du reste, ils joüissent d'une santé ferme & robuste. Leur boisson ordinaire est du petit lait mêlé d'eau de pluye : leur nourriture consiste dans les oiseaux & les œufs qu'ils ramassent. Les femmes sont occupées à herser la terre, pendant que les maris courent les plus grands dangers à la chasse & à la pêche. Les jours de Fête, les habitans de Hirta se rassemblent dans de petites chapelles : & là,

après avoir chanté des Hymnes , ils
passent gayement tout le jour & une
partie de la nuit. Ils n'ont ni Prêtres,
ni Médecins, ni Avocats : & l'on peut
dire d'après Virgile que

> *Extrema per illos*
> *Justitia excedens terris vestigia fecit.*

Il y a cependant une espece d'Officier à Hirta , lequel reçoit le serment
des garçons & des filles qui veulent se
marier , & inscrit leurs noms dans un
regître. Il est aussi chargé de faire
baptiser les enfans , mais seulement à
l'âge de quinze ou seize ans : ce qui
n'est point d'usage dans aucun pays.
Enfin , cet Officier a soin que les terres & même les rochers soient également partagés entre chaque famille :
& la police qu'il exerce , est d'autant
plus simple que jamais personne ne
s'en plaint. Quand on est réduit au
nécessaire , on vit toujours content. Il
n'y a que le superflu qui fait naître , &
qui entretient les querelles.

Comme le Nord de l'Ecosse est sujet à de fréquens brouillards , les ha-

bitans de Hirta ont alors une maniere
particuliere de chaſſer. Ils ſe couchent
ſur le dos , & ſe découvrent l'eſtomac.
Tous les jeunes oiſeaux ne manquent
pas de venir s'y repoſer , & ils les
prennent à la main , ſans preſque aucun travail. Il faut des piéges pour arrêter ceux qui paroiſſent venir de loin ,
ou qui ont ſouvent échappé aux em-
bûches qu'on leur avoit dreſſées.

Sur l'*Iſlande.*

Cette Iſle que les Anciens nommoient *ultima Thule* , eſt peu connue.
Voici un eſſai de ſon hiſtoire naturelle.

L'air y eſt fort ſain toute l'année , &
continuellement balayé par les vents.
Les maladies ordinaires ſont la coli-
que , & une eſpece de lépre. On ne
voit point de Médecins en Iſlande ,
mais ſeulement quelques Chirurgiens
qu'on appelle pour la guériſon des
bleſſures extérieures. La diette & les
ſueurs fréquentes ſont les ſeuls remé-
des qu'on emploie pour les maladies
internes.

Les faifons n'y fuivent aucune régle , & l'on paffe fans prefque s'en appercevoir , du très-grand froid au très-grand chaud. Le fer fe rouille promptement. L'efprit de vin , l'huile & le mercure ne gêlent point. On conferve le poiffon dans la neige qui n'affecte point comme ailleurs , une figure particuliere. La grêle reffemble à du menu plomb. Les corps gêlés s'enflent & changent infiniment , foit par rapport au goût , foit par rapport à la couleur.

On obferve en Iflande différentes fortes de météores , dont les principaux font l'*Ignis lambens* , & le *Draco volans* , qu'on peut rapporter au fyftême général des Aurores Boréales. On y obferve encore fouvent des Parhélies, ou images du Soleil tracées fur un cercle coloré qui l'environne en forme d'arc-en-ciel. Les vents font variables, quelquefois fi furieux que tout en eft renverfé.

En approchant des côtes de l'Iflande , on trouve le fond de la mer à diverfes hauteurs : mais le mouillage eft par-tout affez bon. Les marées fuivent

vent la Lune : c'eſt-à-dire, que la mer s'enfle à ſon lever & à ſon coucher, & qu'elle s'abaiſſe, quand la Lune eſt au Nord ou au Sud. Les plus grandes marées ſont environ de 16. pieds : quand les vents ſoufflent du large, elles montent juſqu'à vingt. La déclinaiſon de l'Aiguille aimantée eſt toujours vers le Nord-Oüeſt.

L'Intérieur de l'Iſlande eſt rempli de montagnes. Il n'y a que les vallées & les bords de la mer qui ſoient habités. Le terrein y eſt argilleux, je veux dire gras & gluant, propre à faire des briques, des tuiles & de la poterie. Peu de ſable : point de craye.

Au ſommet des plus hautes montagnes, on voit des Lacs qui fourniſſent d'excellens Saumons. Il eſt permis à chacun d'en venir prendre ſans crainte, & chacun ne prend que ce qu'il en a beſoin. Comme l'Iſlande eſt encore un pays neuf & gouverné par le droit naturel, ni la chaſſe ni la pêche n'y ſont défendues. Et pourquoi le ſeroient-elles ?

Outre les Lacs, on trouve des fontaines d'eau minérale, quelques-unes

ſi chaudes qu'en moins d'un quart
d'heure on y fait bouillir une groſſe
piece de bœuf. Mais il faut qu'elle
ſoit plongée dans une chaudiere de
fer remplie d'eau froide , ſans quoi
elle durciroit & ſe racorniroit d'a-
bord.

On apporte en Iſlande du blé , de
l'orge , de l'avoine , du fer , des toiles : & elle rend en revenche du ſouf-
fre , quelque peu d'alun , des poiſſons ſecs & fumés , des oiſeaux rares , comme des Aigles & des Cy-
gnes.

L'Iſle eſt aſſez bien fournie de che-
vaux , de bœufs , de vaches , de mou-
tons & de chiens , fidelles gardiens des
maiſons. Il n'y a des renards que ſur
les montagnes , encore en petit nombre. Mais quand les glaces ſe déta-
chent du Groënland & des autres pays
plus ſeptentrionaux , alors toute l'Iſlande eſt couverte d'ours blancs , qui
cauſent des dommages infinis. Ils déchirent tout ce qui ſe préſente , &
leur fureur s'augmente encore du ſoin
qu'on prend de mettre en ſûreté les
beſtiaux.

Le mont Hecla n'eſt point le ſeul volcan que craignent les habitans de l'Iſlande. Il y en a quelques autres, moins conſidérables à la vérité, mais qui jettent plus ſouvent des matieres enflammées. Heureuſement qu'elles ne s'étendent pas fort loin.

Tout autour de cette Iſle, l'eau de mer battue avec des avirons ou des perches, brille dans les belles nuits, comme le feu qui ſort d'une fournaiſe. Mais au mois de Mai, toute la mer devient elle-même ſi tranſparente qu'on peut voir les plus petites pierres, la plûpart talqueuſes & brillantes, à un fond de quarante braſſes.

TRAITÉ

SUR LA MEILLEURE maniere de faire des Expériences, sur les précautions qu'elles demandent, & sur le peu d'eftime que méritent la plûpart de celles qui ont été faites jufqu'ici.

Non sit nobis Religio in Phan-
tasmatibus nostris ; melius est enim
qualecumque verum , quam quic-
quid pro arbitrio fingi potest.

August. de verâ Relig.

TRAITÉ

SUR LA MEILLEURE

maniere de faire des Expérien-
ces , sur les précautions qu'elles
demandent , & sur le peu d'esti-
me que méritent la plûpart de
celles qui ont été faites jusqu'ici.

Tous ceux qui ont du goût & qui
sçavent penser , conviennent aujourd'hui qu'il n'y a de véritable Physique , que la Physique Expérimentale. Elle seule peut éclairer l'esprit,
& le remplir de connoissances solides , invariables , puisées dans le sein
même de la nature. Les Systêmes les
plus renommés , les Hypothéses les
plus ingénieuses , ne font que des
Romans où le vrai est noyé dans une
infinité de conjectures frivoles , & de
pensées jettées au hazard. Mais au-

H iv

tant que la Phyſique Expérimentale eſt utile & lumineuſe par elle-même, autant en peut-on abuſer & , j'oſe le dire , autant en a-t-on abuſé depuis le commencement de ce ſiécle. Pluſieurs Ecrivains célébres l'ont reconnu avant moi , & entr'autres feu M. Boërhaave dans ſon Diſcours *de comparando certo in Phyſicis* , & Meſſieurs Muſſchenbrock & Hamberger dans les Ouvrages qu'ils ont publiés ſur la meilleure maniere de faire des Expériences. Celui du premier a pour titre , *De Methodo inſtituendi Experimenta Phyſica* , & celui du ſecond eſt intitulé *De Cautione in Experientiis rectè formandis & adplicandis adhibendâ.* En ſuivant les principes établis par ces trois Ecrivains , & y ajoûtant mes réflexions particulieres , je tâche de marquer les juſtes bornes dans leſquelles doit ſe contenir la Phyſique Expérimentale. Heureux , ſi me montrant fidelle à la vérité que j'ai recherchée toute ma vie , j'obtiens le double avantage , & d'être utile à ceux qui commencent à s'inſtruire , & de ne point bleſſer la délicateſſe de ceux qui croient tout ſçavoir !

§.

On s'imagine d'ordinaire que rien n'eſt plus aiſé que de faire des Expériences : & même des Sçavans du premier ordre (je ne parle ainſi que ſuivant le préjugé vulgaire) ont traité cette occupation de frivole & de puérile. Cependant, je ne crains point de l'avouer, elle eſt d'une difficulté infinie : elle demande beaucoup d'art, beaucoup de fineſſe & de ſagacité d'eſprit. J'ajoûterai quelque choſe de plus, & cela d'après les avis de l'illuſtre Deſcartes ; » C'eſt qu'elle ſuppoſe qu'on » examine tout avec ſoin & autant » qu'il ſe peut par ſoi-même , qu'on » ſe dépouille de cette admiration ſer- » vile que s'attirent les anciens Phi- » loſophes & qu'on ne faſſe point de » vains efforts pour excuſer leurs er- » reurs , qu'on ſe défie des raiſonne- » mens, ſur-tout en matiere de faits , » & qu'on éclairciſſe par un travail » aſſidu ces faits ſouvent très-difficiles » à éclaircir. « En effet, toutes les apparences ſont trompeuſes: & quand on

H v

vient à demêler les chofes le plus uni-
verfellement reçues, on eft furpris de
n'y trouver que de l'erreur & de la
faufleté. Il faut donc être délivré de
tout parti, avoir fecoué toute autorité, pour entreprendre de bien faire
des Expériences. Le génie y eft du
moins autant néceffaire que le jugement : le génie, afin de s'ouvrir de nouvelles routes ; le jugement, afin de fe
conduire au milieu de toutes ces routes
avec difcrétion & prudence. *Vigilando,*
agendo, bene confulendo, profperè omnia
cedunt.

C'eft ce mêlange adroit, c'eft le
génie joint au jugement, qui forme
le caractere d'un véritable Phyficien.
Tel étoit, au rapport de M. Boërhaave,
le fameux J. Swammerdam, qui n'afsûroit rien que ce qu'il avoit apperçu
diftinctement : & ce qu'il afsûroit, il
le pouvoit démontrer à tous ceux qui
venoient le confulter. Suivant l'aveu de
fes meilleurs amis, il n'a jamais établi
aucun fyftême : mais il raifonnoit fur
des Expériences réïtérées, & il rap-
prochoit avec une adreffe infinie ces
Expériences les unes des autres....

Une étude opiniâtre de la nature, des yeux très-exercés à voir & à ne voir précisément que ce qui les frappoit, des inftrumens très-fins & qu'il avoit lui-même travaillés, aucune impatience, aucune précipitation, de la lenteur, du fang-froid : tout cela l'avoit rendu maître de fa matiere…. Il croyoit que chaque partie organique avoit un ufage particulier : mais il n'étendoit point cet ufage au delà de ce que l'obfervation lui faifoit connoître…. Il a fouvent dit que la caufe méchanique n'avoit point encore été trouvée, & que peut-être elle ne le feroit jamais. Tous les Phénoménes du monde matériel, ajoûtoit-il, montrent évidemment que la forme des corps n'eft confervée & foutenue que par la gravitation feu'e. Mais cette gravitation qui fert de bafe à tout le méchanifme de la nature, n'eft point méchanique elle-même. C'eft de la volonté de Dieu qu'elle vient immédiatement, les corps ne pouvant tirer ni d'eux-mêmes ni des autres corps le pouvoir de tendre à un centre commun.

Lorfque Swammerdam étoit obligé

H vj

de relever les erreurs des Philosophes qui l'avoient précédé, il le faisoit avec toute la modération possible, & convenoit en même tems que, quelque sujet qu'on traite, on est d'autant plus redevable à ceux qui l'ont traité les premiers, qu'ils nous éclairent également & par leurs découvertes & par les fautes qu'ils ont commises. » Si » j'ai critiqué le fameux Redi, ajoûte- » t-il, au sujet des vers qui croissent » sur les feuilles du saule, je l'ai plu- » tôt fait en ami qui parle avec naïve- » té à son ami, qu'en censeur qui cher- » che à nuire. « Effectivement, le but de tous les Physiciens doit être d'as-socier leurs différens travaux & de s'entendre les uns avec les autres, pour parvenir à la vérité sans aucun obstacle : à la vérité qu'ils ne peuvent trop aimer, soit qu'elle flatte leurs idées, soit qu'elle y repugne, soit qu'ils l'ayent trouvée eux-mêmes, soit qu'elle vienne d'ailleurs : à la vé-rité encore une fois, qui doit être la passion chérie de tous les gens de Let-tres &, pour ainsi dire, leur unique emploi.

I I.

Le caractere d'un Philofophe Naturalifte étant ainfi tracé, il doit fe bien convaincre qu'on ne connoît les corps que par les propriétés qui les diftinguent les uns des autres, & dont les fens doivent d'abord décider.

Chaque homme, en fe repliant fur lui-même, ne peut s'empêcher de fentir qu'il poffède un principe d'intelligence, une ame qui fert à le conduire pendant les bornes étroites de la vie. Mais fi plein de cette premiere penfée, il cherche à fe procurer quelque lumiere fur les corps qui l'environnent, il eft comme obligé de fortir hors de lui-même, & de faire ufage des organes ménagés avec tant d'art que la nature lui a donnés. Ces organes font les fens. Mais j'oferai dire qu'il eft fouvent auffi périlleux de fe fier à leurs témoignages, qu'il étoit fûr de s'en rapporter au témoignage de fa confcience. De-là vient qu'on fe connoît mieux qu'on ne connoît les corps, & en général tous les objets extérieurs,

Et premiérement pour les saisir &
les connoître , il faut que les organes soient bien disposés, que les sens
n'ayent jamais souffert ni affoiblisse-
ment ni diminution. Il faut qu'on soit
persuadé que dès qu'une chose peut
être de deux façons différentes , elle
est ordinairement de la façon la plus
contraire aux apparences ; qu'en Physique & en Mathématique , un des
plus grands points & sans doute le
principal , est de sçavoir qu'on ne sçait
pas ce qu'effectivement on ne sçait
pas ; enfin , que le doute est le plus
souvent en Physique ce que la démonstration est en Géométrie, la conclu-
sion d'un bon argument. Mais cela
même , quoiqu'il soit absolument nécessaire , ne découvre encore que la
superficie de la matiere, que sa premiere enveloppe. Il faut quelque chose de plus. Il faut que la raison vienne
au secours des sens, qu'elle les cor-
rige , les redresse. Leur emploi est de
multiplier les observations , & de les
multiplier sans cesse : le sien est de recueillir ces observations , de les comparer les unes avec les autres , d'en

tirer des conféquences heureufes , &
d'élever fur ces conféquences un bâti-
ment folide , & qui réfifte aux attaques qu'on pourroit lui porter.

C'eft donc aux obfervations multipliées , aux Expériences faites avec
foin, qu'eft dû le progrès de la Phyfique. Plus on en rafemblera , & plus
elle verra augmenter fes richeffes &
aggrandir fon domaine. Mais pour
bien réuffir dans ces Expériences &
dans ces obfervations, il eft à propos
que tous les fens y concourent, que
l'un fupplée à ce qui échappe à l'autre. » Ils doivent , remarque le célé-
» bre Guillaume Harvey dans fon Li-
» vre *de Generatione animalium* , ils
» doivent nous conduire à une con-
» noiffance parfaite , en nous obligeant
» à difféquer les plus petits animaux
» & à examiner le rapport que leurs
» parties féparées ont entr'elles. Un
» fyftême , fût-il le plus ingénieux du
» monde , ne ferviroit qu'à nous en-
» orgueillir , & non à nous rendre
» plus fçavans. « La véritable maniere de percer dans les fecrets de la
nature eft donc de décompofer les

corps, de les fatiguer fans relâche, de les faifir enfin de tant de façons différentes qu'ils ne puiffent plus garder le mot de l'énigme. Qu'on me permette de confirmer tout ceci par un exemple.

Je préfente une montre à quelqu'un qui n'en a jamais vû, mais qui fe plaît aux Ouvrages de Méchanique. Quel fera fon premier foin : de tourner cette montre de tous les côtés, de confidérer la boëte de métal où elle eft renfermée, d'en admirer la cifelure? Venant enfuite à la glace qui couvre le cadran, il examinera l'aiguille qui fe meut deffous en rond, & d'une maniere uniforme : il la verra marquer fucceffivement divers nombres, qui font à égale diftance les uns des autres. Mais quelle caufe fait mouvoir cette aiguille ? Les yeux n'en difent rien. Il approchera donc la montre de fon oreille, & il entendra un bruit fourd, tel que celui d'un reffort qui fe détend peu à peu. Il fentira de plus fous fes doigts l'action vive & renouvellée de ce reffort. Soulevant enfin cette montre avec la main, il s'appercevra que

fon poids n'eſt point en raiſon réciproque de ſon volume , & il en con-
clura que dans l'intérieur il doit y avoir
du vuide ou des parties détachées les
unes des autres, comme des roues apparemment de cuivre portées ſur des
eſſieux de fer , que le reſſort fait mouvoir , & qui à leur tour font mouvoir l'aiguille. C'eſt ainſi que les connoiſſances s'acquierent en détail , &
qu'à force d'interroger la nature , on
fait des progrès ſucceſſifs dans la car-
riere laborieuſe de la Phyſique.

Mais ſi l'eſprit trouve un charme
ſecret à découvrir de nouvelles véri-
tés , il ne doit pas être moins flatté
de corriger les erreurs anciennes ,
ſur-tout quand elles font autoriſées
juſqu'a un certain point. Toutes les
Relations des Indes Orientales van-
tent beaucoup une pierre , qui ſuivant le préjugé commun , ſe tire de
la tête du Serpent que les Portugais
nomment *Cobra de Capelo*. Elles aſſûrent que cette pierre appliquée ſur la
morſure faite par quelque animal venimeux , s'y attache fortement jufqu'à ce qu'elle ſe ſoit impregnée de

tout le venin, & qu'elle tombe d'elle-même. On la met enfuite dans du
lait tiéde qui devient infenfiblement
un poifon, & la pierre ceffe d'être nui-
fible & fert une autre fois, fans péril.
Cependant Rédi convient qu'ayant
tenté cette Expérience à diverfes reprifes, il n'a jamais pu la voir réuffir, & Charas, profond Chymifte,
ajoûte qu'ayant appliqué la pierre
des Indes fur des bleffures qu'une Vipere irritée avoit faites à des Pigeons,
ils n'en avoient reffenti aucun foula-
gement & étoient tous morts. D'un
autre côté le célébre Baglivi, dans fa
Differtation fur les Tarentules, dit ex-
preffément que par le fecours de cette
même pierre, il avoit guéri un homme de la campagne d'une horrible piquûre que lui avoit fait un Scorpion,
& l'Anatomifte Anglois Compton-
Havers foutient qu'il a auffi guéri un
Chien qui avoit été mordu par une
Vipere très-noire.

Quel parti prendra donc un Phyficien au milieu de ces contrariétés ?
Je n'en fçache qu'un feul qui foit propre & convenable, c'eft de recom-

mencer les Expériences & de juger par foi-même. C'eft auffi le parti que j'ai pris par amour de la vérité, & j'ai trouvé que le curieux Rédi, Médecin du Grand Duc de Florence, avoit toute la raifon de fon côté, que non-feulement la pierre des Indes ne guériffoit point les bleffures venimeufes, mais encore que c'étoit une pierre compofée avec art, & pour furpendre les ignorans. D'où il conclut judicieufement par ces mots : *Chi fa efperienze accreffe il fapere, chi è credulo aumenta l'errore.*

Loin de blâmer ceux qui fe plaifent à répéter les Expériences déja faites, on doit les en louer infiniment. Auffi plufieurs Phyficiens habiles n'ont-ils en toute leur vie d'autre occupation, que celle-là : occupation à la vérité qui ne demande pas un génie neuf & original, mais qui eft très-propre à l'avancement des Sciences. Les uns ont vérifié fcrupuleufement tout ce qui avoit été obfervé en Angleterre & en Allemagne, tant fur l'Electricité des corps, que fur la Rofée, fur la Senfitive, fur les Salamandres. Les autres ont éclairci & amplifié ce qui avoit été dit d'une maniere plus concife par le célébre M. Sthall , par Becker , par Kunkel , par Balduinus , tous Chymiftes étrangers , mais aufli avares de leurs paroles que nous fommes prodigues des nôtres. C'eft là effectivement le défaut de la Nation Françoife : défaut que l'Hiftorien de l'Académie Royale des Sciences tâche de pallier avec fon art ordinaire, en difant que les Philofophes étrangers affectent une briéveté fi énigmatique, que l'on n'a pas grand tort , ou de ne pas entendre ce qu'ils difent , ou de n'y pas faire aflez d'attention.

Malgré ce petit reproche , il faut convenir cependant que la briéveté eft le véritable caractere des Livres de Phyfique. M. Boërhaave l'avoit déja remarqué , en faifant imprimer les Ouvrages de Swammerdam. Il loue fon ftyle court & nerveux , il applaudit à fa maniere de dire beaucoup de chofes en peu de paroles. *Jamais Auteur* , ajoûte-t-il, *n'a mieux tranché le fuperflu , ni mieux réfifté au plaifir de parler de lui-même. Il doit plaire à tous ceux qui préférent des obſervations réelles à des diſcours vains, des faits accompagnés de toutes leurs circonſtances à des hiſtoires frivoles.* On ménage ainſi un tems précieux : on ne court point riſque de s'ennuyer, comme on fait avec certains Philoſophes qui nous étourdiſſent de mille perſonnalités deſagréables.

I I I.

Quoique les corps varient à l'infini, & que chacun ſoit en détail très-différent de tout autre, ce qui avoit engagé M. Leibnits à établir ſon *Principe des Indiſcernables :* il faut pourtant avouer qu'il y a des propriétés générales qui ſe retrouvent dans ces mêmes corps & qui ne les abandonnent jamais, les unes à la vérité toujours ſemblables, les autres avec quelque changement. Ces propriétés ſouvent diſputées, mais qu'on ne méconnoît plus aujourd'hui, ſont au nombre de neuf : ſçavoir l'étendue, l'impénétrabilité, le mouvement, le repos, la configuration, la gravité, la cohéſion-qu'on pourroit nommer *niſus in contactum*, l'attraction , l'inertie où cette force paffive par laquelle la matiere continue d'elle-même dans l'état où elle eft, & n'en fort jamais qu'à proportion de la puiffance contraire qui agit fur elle. Je n'examine point ici ni la maniere dont ces propriétés réfident dans les corps, ni comment ils s'attirent , ni comment ils pefent les uns vers les autres, ni comment leurs parties fimilaires & homogénes font effort pour fe joindre & s'unir enfemble : il fuffit que ce foient des faits avérés , des efpeces de points fixes , d'où il faut partir pour arriver aux autres faits qui en dépendent par des combinaifons infinies.

Mais ces propriétés font-elles les feules qui réfident dans les corps ? Ne peut-on leur en affigner d'autres d'un genre fupérieur ? C'eft fur quoi nous n'oferions décider , nos connoiffances fe trouvant là bornées , & la raifon ne pouvant nous conduire jufqu'à l'effence de la (1) matiere.

(1) Quelques Anglois & fur-tout Monfieur Locke ont voulu prouver que la matiere peut penfer. Mais rien n'eft plus ab-

Les Philofophes qui ont fuivi les principes de Defcartes, mettoient cette effence dans l'étendue, & croyoient en pouvoir déduire les autres propriétés des corps. Mais depuis qu'on a prouvé l'exiftence & la néceffité du vuide, il a fallu joindre à l'étendue l'impénétrabilité, & cette force de réfiftance qui empêche l'attrition des parties intégrantes de la matiere & les dérobe inceffamment aux efforts qui pourroient les attenuer & les brifer. Ceux qui ont depuis examiné les chofes de plus près, n'ont pas trouvé ces trois propriétés plus effentielles aux corps, que la force motrice &

furde que ce fentiment, qui n'a eu par bonheur que quelques partifans obfcurs & de mœurs corrompues. Il eft vrai que comme nous n'avons aucune idée de la fubftance étendue & de la fubftance penfante, nous ignorons s'il ne pourroit point y avoir une troifiéme fubftance qui ne fût ni efprit ni matiere, quoiqu'elle participât à quelques propriétés de ces deux êtres. Defcartes & le Pere Mallebranche fe font trompés, en confondant l'étendue avec l'efpace. Car il eft certain, fuivant le Docteur Clarke, que *fubftantia extenfa non eft ipfa extenfio, fed in extenfione confiftit.*

celle qui lui eft contraire, l'inertie.
On doit dire la même chofe des autres propriétés que j'ai nommées ci-
deffus, ou de celles qu'on pourra découvrir dans la fuite & qui feront
peut-être doubles ou triples de celles
qu'on connoît aujourd'hui. Car enfin, fi nous fommes plus éclairés que
nos ancêtres ne l'ont été fur la nature
des corps, il y a apparence que nos
defcendans le feront encore plus que
nous. Telle eft en effet la route que
doit fuivre l'efprit humain.

I V.

Comme tout le monde n'eft pas
apprivoifé avec le vuide & l'attraction, il eft à propos d'en donner
quelque éclairciffement. Mais je remarquerai auparavant que Defcartes
écrivant à la Princeffe Palatine, avoue
que la pefanteur n'eft point réellement
diftinguée des corps, & qu'elle peut
être regardée comme une force fecrette & inféparable de ces corps, comme
une force qui leur donne une tendance vers le centre de la terre. Il ajoûte
qu'on

qu'on ne peut mieux comparer l'ame qu'à cette force fecrette, & non méchanique, & qu'il femble que la pefanteur n'ait été établie que pour nous faire connoître la maniere dont l'ame agit fur le corps, où elle eft comme infufe & répandue.

On fçait aujourd'hui que l'intenfité de cette pefanteur, ou la force accélératrice, eft différente à différentes hauteurs du centre, au-deſſus de la furface de la terre, & qu'elle fuit la raifon inverfe du quarré de ces hauteurs ou de ces diftances.

Pour ce qui regarde l'attraction, elle n'eft autre chofe que l'action par laquelle des corps très-éloignes opérent ou influent les uns fur les autres, à travers un efpace qui les fépare, fans qu'il y ait aucun écoulement de corpufcules qui y contribue. Mais cette action ne peut avoir lieu qu'au moyen du vuide, ou d'un efpace non réfiftant, parce qu'après tout il ne peut y avoir du mouvement qu'il n'y ait du vuide. Car les denfités étant toujours égales ou prefque égales aux réfiftances, ces réfiftances n'augmen-

I

tent qu'à proportion des denſités. D'où il ſuit que quelques ſubtiles que ſoient les parties d'un fluide, quand même on les ſuppoſeroit actuellement diviſées juſqu'à l'infini : d'où il ſuit, dis-je, & que leur réſiſtance n'en eſt point diminuée, & que la facilité du mouvement, au travers de ces parties, n'en eſt point augmentée.

Si quelque Cartéſien me demandoit : Le vuide eſt-il une ſubſtance ou un accident ? Je lui répondrois avec le judicieux Jean Locke : Je n'en ſçai rien & je ne rougis point d'avouer mon ignorance, juſqu'à ce que vous m'ayez donné une idée claire & nette de ce que vous concevez par le mot de ſubſtance & par celui d'accident.

Tout cela bien entendu, je dirai que les deux principes qui conſtituent la forme méchanique de cet Univers, ſont 1°. l'impulſion tranſverſale qui empêche les planétes de s'approcher du Soleil & les oblige continuellement à s'en éloigner par les tangentes des orbites qu'elles décrivent ; 2°. la gravitation qui les retient auſſi continuellement dans ces mêmes orbites & les

empêche de s'en écarter. Et ce font
ces deux principes qui maintiennent
dans un état fixe & permanent notre
fyftême folaire. L'impulfion tranfver-
fale eft un mouvement qui fe renouvelle à chaque inftant, & qui fe faifant fentir dans des efpaces vuides ou
non réfiftans, peut fe continuer à l'infini d'une maniere égale & uniforme,
à moins qu'il ne vienne à changer par
quelque obftacle imprévû ou par quelque pouvoir attirant. L'attraction eft
une faculté qui agit fur des loix fixes
& invariables, & qui agit fans cefle
& réciproquement. En effet, le Soleil qui gravite vers les planétes, les
fait non-feulement toutes graviter
vers lui, mais les fait encore toutes
circuler, en les retirant de la tangente.
Pour l'attraction que le Soleil exerce
fur ces mêmes planétes, elle furpaffe
autant l'attraction qu'elles exercent
fur lui, qu'il les furpaffe en quantité
de matiere. Notre Univers n'eft donc
que le réfultat des mobiles gravitans
tous & pefans tous vers un centre
commun, ou vers un point central,
lequel eft néceffairement & doit être
le Soleil. I ij

La gravitation étant donc regardée comme proportionnelle à la quantité de matiere, on en doit conclure sans héfiter qu'il y a du vuide. Car fi tout étoit plein, tous les corps de dimenfions égales, feroient d'un poids égal: la pefanteur fpécifique de l'or ne différeroit point de la pefanteur fpécifique du bois, ce qui eft contraire à l'expérience: & par la même raifon, la denfité de l'air feroit fi grande que rien n'y pourroit monter & n'y pourroit defcendre. On objecte à cela qu'une matiere fubtile & éthérée peut remplir les pores de tous les corps & empêcher qu'il n'y ait du vuide, quoique la pefanteur n'en fût pas augmentée. Ma réponfe fera que la matiere fubtile étant toujours matiere, elle doit pefer proportionnellement à fa maffe; que par conféquent tout ce qui eft contenu dans les pores de quelque corps que ce foit, doit tendre au centre conjointement avec le refte du corps; que par conféquent encore, fi la préfence de cette matiere éthérée faifoit un plein parfait, tous les corps dont

les dimenſions ſont égales, devroient
être égaux en peſanteur.

Qu'on demande préſentement quelle proportion ſe trouve entre le vuide
& la matiere que contient notre monde; je déterminerai cette proportion, en
raiſonnant de la maniere ſuivante. Il
réſulte de pluſieurs Expériences que la
peſanteur ſpécifique de l'or eſt à la peſanteur ſpécifique de l'eau commune,
comme 19. à 1. & que la peſanteur
de la même eau eſt à celle de l'air que
nous reſpirons, comme 850. à 1. deſorte que l'or eſt à l'air comme 16150.
à 1. Mais la quantité de matiere & la
gravité étant toujours proportionnelles, il s'enſuit que l'air commun qui
nous environne, eſt d'une contexture
ſi mince que 16149. parties de telle de
ſes dimenſions qu'on voudra prendre,
doivent paſſer pour un vuide tout pur :
ce qui eſt d'autant plus vrai que l'or
étant lui-même poreux, la proportion du vuide à la matiere qui entre
dans la compoſition de l'air commun,
doit être encore plus grande que celle
que je viens de marquer.

Et cette obſervation toute ſurprenante qu'elle paroît, ne regarde que la plus baſſe région de l'air, où il eſt reſſerré par celui qui eſt au-deſſus. Donc, plus l'air eſt élevé, moins il eſt comprimé, & plus auſſi le reſſort de ſes parties élaſtiques doit s'éten-dre : deſorte qu'à la hauteur de quel-ques lieues au-deſſus de la ſurface de la terre, il doit y avoir dans la con-texture de l'air quelques millions de parties de vuide pour une ſeule de ma-tiere ſolide. Et en remontant encore plus haut, comme à un demi-diame-tre de la terre, une ſphere d'air com-mun d'environ un pouce de diametre tiendroit autant d'eſpace que l'orbe même de Saturne.

Suppoſant enfin que la quantité de matiere de notre monde planétaire ſoit connue, & que cette quantité excéde un certain nombre de fois en gran-deur la terre que nous habitons ; ſup-poſant en même-tems que cet orbe immenſe dont le diametre paſſe par le point central, vers lequel tout l'Uni-vers gravite, ſoit également connu : il s'en enſuivra que la ſomme des eſ-paces vuides dans la concavité de notre globe furpaffe plufieurs millions de millions de fois la fomme de toute la matiere qui y eft contenue.

V.

Après tous ces préliminaires que j'ai cru indifpenfables, je viens à la méthode que doivent obferver ceux qui font des Expériences, & aux régles générales qu'ils doivent fuivre. Mais il faut auparavant qu'ils foient bien convaincus que le fond des chofes, leurs principes intimes, leurs affinités, leurs différentes connexions, nous font cachés en gros & cachés fous un voile épais ; mais qu'au moyen de nos fens accoûtumés à l'obfervation & aidés d'inftrumens fins, nous pouvons parvenir à des connoiffances utiles, à des connoiffances de détail ; nous pouvons lever un coin du voile qui arrête nos foibles regards, furtout fi prenant en main le fil de la Géométrie nous fçavons profiter des inductions tirées des Méchaniques : *Rerum principia omninò nos latere*, dit feu M. Boërhave, *folis autem fenfuum*

I iiij

observatio addisci illas eorum dotes quæ experiundo nascuntur, aut quæ ex his, unâ tantum hac viâ exploratis, Geometrici ratiocinii firmitate elici possunt.

Je ne crois pas avoir ici besoin de prouver qu'il y ait de la matiere, qu'il y ait des corps. Aucun homme raisonnable n'en doute, ce me semble, & n'en peut douter. Le Pere Mallebranche a cru cependant qu'il étoit impossible de démontrer l'existence des corps, *les perceptions que nous en avons,* disoit-il, *n'étant point relatives à des êtres réels, & ces perceptions pouvant très-bien s'accorder avec des êtres que nous croirions seulement exister, quoiqu'ils n'existassent point en effet.* Le Docteur Berkeley, Evêque de Cloyne en Irlande, a été encore plus loin, & il a avancé que non-seulement il n'existoit point de corps, mais qu'il ne pouvoit même en exister. Ses raisonnemens subtils au dernier point, roulent 1°. sur la nature de nos idées qui sont toujours imparfaites, 2°. sur les difficultés qui naissent des propriétés du continu toujours discordantes à ces idées. On peut voir

les raifonnemens de l'Evêque de Cloyne plus détaillés dans l'Ouvrage qui a
pour titre : *Treatife concerning the Prin-
ciples of Human Knowledge.*

Le premier ufage des fens donnés à
l'homme a été de l'avertir fans ceffe
de veiller à la confervation de fon
corps, en recherchant les objets proportionnés à fes facultés naturelles, &
en évitant ceux qui pourroient leur
être nuifibles. Auffi ont-ils pour ce
double ufage toute la difpofition méchanique qu'ils doivent avoir : ce qui
fuffit au détail ordinaire de la vie. Mais
à l'égard des Philofophes, comme ils
veulent toujours aller plus loin que les
autres hommes , piqués fans doute
d'un defir curieux d'approfondir les
chofes & de les connoître en détail,
ils font obligés de recourir à divers inftrumens ménagés avec art , pour perfectionner leurs fens , pour les conduire à quelque chofe de plus fin &
de plus décifif. Et ce font ces inftrumens que la Philofophie Expérimentale doit rechercher , qu'elle doit apprendre à manier adroitement , afin
de parvenir au but qu'elle fe propofe.

& d'y parvenir de la maniere la plus avantageufe.

En effet, quoiqu'on eût des yeux pour fe conduire & pour difcerner les objets les uns des autres, n'eft-il pas vrai cependant que les hommes étoient des efpéces d'aveugles avant la découverte des Microfcopes & des Télefcopes ? D'un côté, ils ne connoiffoient le ciel que de vûe, fi j'ofe ainfi parler : & de l'autre, tous ces infiniment petits dont la terre eft parfemée & qui prouvent prefque qu'il y a des animaux réellement fubfiftans, de plus petits en plus petits fans aucune borne, échappoient à leurs foibles regards. Des inftrumens utiles furent enfin inventés, des verres furent taillés fuivant de certaines régles, & auffitôt un nouveau monde fe montra, un monde ignoré jufqu'alors. De la même maniere, on reffentoit autrefois les différentes impreffions de l'air, comme on les reffent aujourd'hui : on s'y trouvoit également expofé. Mais de fçavoir combien un air étoit plus froid ou plus chaud qu'un autre, plus fec ou plus humide, plus léger ou

plus pefant : c'eſt ce qu'on n'a apperçu que depuis l'invention des Ther-
momſtres, des Hygroſcopes & des
Baromſtres. Ces trois inſtrumens nous
ont appris tout ce qu'on pouvoit ſçavoir des variations & des changemens
de l'air : ce que nos ſens dénués de pareils ſecours n'auroient jamais deviné.
Et comment ſans le Thermometre ſe-
roient-ils venus à bout dans toute une
année, de découvrir quels jours ont
été les plus froids, & quels jours ont
été les plus chauds ; & encore dans
ces mêmes jours, à quelle heure le
froid ou le chaud ſe ſont davantage
fait ſentir ? Et comment ſans un Ba-
romſtre auroient-ils connu que plus le
tems ſe couvre & ſe diſpoſe à la pluye,
plus l'air eſt léger & le mercure bas ;
& au contraire, que plus le tems devient beau & ſe tourne au ſec, plus
l'air eſt peſant & le mercure élevé ?
Ce double Phénoméne ne pouvoit être
à la portée, ni ſous les yeux des Anciens : & quoique nous nous y ſoyons
familiariſés, il n'en eſt pas aujourd'hui
moins difficile (1) à expliquer.

(1) Je compte pour rien la ſolution que

Nous avons encore appris que les plus grandes hauteurs & les plus grands abaissemens du Barométre arrivent toujours pendant l'hiver, qui étant la saison des vents, des pluies & des autres changemens considérables de notre Atmosphere, doit aussi causer les plus grandes condensations & les plus grandes dilatations de l'air. Par conséquent, la différence entre le plus haut & le plus bas degré du Barométre, est plus frappante dans les pays froids que dans les pays chauds. Et si l'on avoit un assez grand nombre d'observations faites en différens climats, depuis le Pole jusqu'à l'Equateur, on verroit quelle est la proportion suivant

M. de Leibnits a donnée de ce Problême dans les Mém. de l'Acad. Royale des Sciences de 1711. Cette solution n'explique qu'en partie les variations du Barométre : il y faut ajoûter de plus l'agitation de l'air. Car les vents, les tempêtes & tous les grands mouvemens de l'Atmosphere diminuent l'action de son poids sur le mercure du Barométre, parce qu'ils font tomber à terre quantité de corps étrangers qu'elle soutenoit, & qui la rendoient pesante. D'ailleurs, les grands mouvemens de l'air peuvent le soulever en quelque maniere, & diminuer son poids.

laquelle agit cette différence. Ce qu’on
fçait cependant , & qu’on fçait d’une
maniere précife , c’eft qu’entre les
Tropiques les variations du Barométre
n’ont que 5 à 6 lignes d’étendue; qu’elles font plus grandes en avançant dans
les zones tempérées , beaucoup plus
grandes encore dans les zones polaires
ou glaciales. En France , du plus grand
froid au plus grand chaud , le Barométre ne varie que d’environ deux pouces : c’eft-à-dire que le mercure ne def-
cend jamais plus bas que 26. pouces
4. lignes & ne monte jamais plus haut
que 28. pouces 4. lignes. Ce font là
les bornes que la nature lui a affi-
gnées.

Un autre avantage qu’a procuré
le Barométre , a été de nous fournir
les moyens de fçavoir à peu de toifes
près la hauteur d’une montagne, quelle que foit cette hauteur ; de fçavoir
l’élévation des différens lieux de la
terre au-deffus de la furface & du niveau de la mer, quand même ces lieux
en feroient fort éloignés ; de fçavoir
enfin que l’étendue des variations du
mercure dans le tuyau du Barométre

est d'autant plus petite, que le lieu où
l'on fait les observations est plus élevé,
& par conséquent que cette étendue
est moindre au sommet d'une haute
montagne qu'elle ne l'est au pied. En
effet, comme l'ont remarqué divers
Astronomes, une ligne de mercure
soutenant & contrebalançant au niveau de la mer une colonne d'air d'environ 60. pieds, on trouvera qu'à neuf
cens cinq toises au-dessus de ce même
niveau, une colonne de même hauteur ne sera soutenue & contrebalan-
cée que par une demi-ligne de mercure.

Avant que de trouver la maniere de
mesurer par le Barométre la hauteur
d'une montagne, l'illustre Galilée avoit
observé qu'au moyen d'un Pendule
on peut connoître la hauteur de la voûte d'une Eglise, sans la mesurer autrement que par les oscillations des lampes suspendues à cette même voûte.
Pour cela, il faut prendre un fil long
d'un pied au bout duquel soit attachée
une balle de plomb, & remarquer
combien ce fil fait de vibrations, toutes égales ou isochrones, contre une

vibration de la lampe. S'il en fait
cinq, la diſtance de la voûte à cette
lampe ſera de 25. pieds; s'il en fait
dix, la diſtance ſera de 100. pieds :
d'où il ſuit que la hauteur de la voûte
ſera toujours égale au quarré des vibrations du Pendule d'un pied. On
voit aiſément qu'on néglige ici la réſiſtance de l'air, comme étant infiniment petite.

Galilée eſt ſans contredit l'Inventeur du Pendule ſimple : mais il ne
l'employa que pour ſes obſervations
Aſtronomiques, ayant eu cependant
quelque deſſein de l'appliquer aux Horloges. Vincent Galilée ſon fils propoſa
de nouvelles vûes : mais il travailloit
d'une maniere ſi groſſiere, qu'on ne
ſoupçonna jamais qu'il connût tout le
prix de la découverte de ſon pere. Enfin, M. Hughens ſe l'appropria ſans
parler des deux Galilées, & il dédia
aux Etats Généraux un petit Ouvrage
où il donnoit la deſcription du Pendule, comme l'ayant inventé lui-même.
Impoſture peu digne d'un Philoſophe!
Mais Galilée méritoit en quelque maniere le tort qu'on lui faiſoit, pour

s'être attribué plusieurs autres découvertes qui ne lui appartenoient point. La principale, à mon avis, étoit celle des Télescopes ou Lunettes de longue vûe, qu'il soutenoit avoir le premier appliqué aux observations célestes. Cependant il est certain que Simon Mayer ou Marius, Mathématicien d'Anspach en Franconie, né en 1570. l'avoit prévenu. On prétend même que ce Mathématicien découvrît avant tous les autres les Satellites de Jupiter, & qu'il conjectura que c'étoient des Planétes secondaires qui tournoient autour de la principale. Il y a bien autant de Plagiaires parmi ceux qui cultivent la Physique & les Mathématiques, que parmi ceux qui s'adonnent à l'étude des Belles-Lettres. J'en pourrois citer plusieurs exemples récens.

V I.

Il ne suffit point à un Physicien d'avoir tous les instrumens qui peuvent contribuer au progrès de la Philosophie Expérimentale : il faut encore que ces instrumens soient faits de la main de quelque habile Maître, les uns en France, les autres en Angleterre ; que les divisions & les subdivisions y soient exactement marquées ; qu'au lieu de pinnules, par exemple, on s'y serve de Lunettes, au lieu de matieres aqueuses, d'esprit de vin moins susceptible de compression & de dilatation ; que ces instrumens ne soient ni trop grands ni trop petits, les uns étant incommodes & difficiles à manier, les autres ne donnant point assez de précision ; qu'ils soient enfin de cuivre plutôt que de fer ou d'acier, à cause de l'humidité qui ne manqueroit point de les rouiller. Au surplus, quelques perfections qu'ayent les instrumens dont on se sert, il ne faut point compter de les voir exemts de tous défauts. Les uns viennent des bizarreries presque inévitables de leur fabrique, de la grossiéreté naturelle & de la roideur du métal, des frottemens réciproques des dents & des pivôts, de la longueur du tems qui use tout. Les autres ont pour cause la poussiere & le duvet qui se glissent dans les plus petites jointures, les inégalités succeſſives de l'humide & du ſec, du froid & du chaud, les obſtacles imprévus qui retardent le mouvement, enfin le poids même des diverſes parties d'un inſtrument qui les ſollicite à deſcendre & à s'affaiſſer les unes ſur les autres.

Quoi qu'il en ſoit, on juge bien que je ne prétens point donner ici un traité de ces ſortes d'inſtrumens. Ils ſe trouvent décrits dans pluſieurs Ouvrages, & entr'autres dans le Dictionnaire des Arts du Docteur Harris; & tous les Phyſiciens ont intérêt de les connoître. Je remarquerai ſeulement que faute d'en avoir de juſtes & même d'excellens, on s'expoſe à des erreurs d'autant plus conſidérables pour la ſuite de ſes obſervations, qu'il eſt preſque impoſſible de s'en relever. Effectivement, une premiere chûte donne lieu à une ſeconde, & les deux jointes enſemble produiſent, comme elles le doivent, une infinité de mécomptes & de ſupputations fauſſes. Plus on avance, ou plus on croit avancer, & plus on s'égare.

Les principales erreurs dans leſquelles font tombés les Anciens au fujet de l'Aftronomie, à quoi peut-on les attribuer, fi ce n'eft aux défauts de leurs inftrumens ? Et ces défauts é-toient tels, que malgré toute leur at-tention à bien obferver, ils ne pou-voient manquer de fe tromper, tant fur la préceffion des Equinoxes, & la hauteur du Pole en différens lieux, que fur les diametres apparens des Pla-nétes, & encore fur la conjonction des Planétes inférieures avec le Soleil. De plus, ils n'avoient point ce fecours décifif, & dont l'Aftronomie peut le moins fe paffer : je veux dire qu'ils n'avoient point de Lunettes d'appro-che, inventées au commencement du dix-feptiéme fiécle, & depuis perfec-tionnées par les plus habiles Aftrono-mes, dont les uns nous ont appris à centrer les grands verres de Lunettes, les autres à y appliquer le Microme-tre, les autres même à fe fervir d'un oculaire & d'un objectif en fe paffant tout-à-fait de tuyau. Mais à l'occafion de ces Lunettes, M. Defcartes tomba dans une penfée des plus extraordi-naires : il crût qu'à force de les perfe-

ctionner, en donnant aux verres des
figures ellyptiques & hyperboliques,
avec une grande ouverture, on pourroit enfin parvenir à voir dans Saturne, Jupiter & Mars, des objets auſſi
petits qu'on les voit ſur la terre à œil
nud. Cette même penſée n'a point dé-
plu à la plûpart des Cartéſiens, pré-
occupés ſans doute de la Dioptrique de
leur Maître. Mais en premier lieu,
ils devoient s'appercevoir que ſi les
verres ellyptiques & hyperboliques
ont la propriété de raſſembler les
rayons qui partent du centre d'un
objet, & de les réunir en un foyer
commun, ils n'ont pas la même propriété de raſſembler & de réunir les
rayons qui partent des extrémités de
cet objet : & par conſéquent ces verres ne peuvent en donner une image
diſtincte & terminée, ils ne méritent
aucune préférence ſur les verres circulaires. En ſecond lieu, il y a une preuve ſans replique qui s'oppoſe à cette
prodigieuſe étendue accordée aux Lunettes, c'eſt la refrangibilité des rayons
de lumiere, d'abord obſervée par le
Pere Grimaldi Jeſuite, & enſuite dé-

montrée par M. Newton d'une maniere auffi noble qu'invincible. Cette
refrangibilité fuppofe deux chofes :
1°. qu'un rayon fimple qui traverfe
l'air, fe divife en plufieurs rayons fubalternes au moment qu'il paffe par un
milieu, tel que l'objectif d'une Lunette ; 2°. que ces rayons fubalternes,
teints chacun de fa couleur particuliere, ont différentes refrangibilités &
forment par conféquent différens angles qui, quoique très-petits, empê-
chent les rayons de fe réunir dans un
foyer commun. De là une confufion
inévitable, & une confufion d'autant
plus grande que ces rayons, en fe
rompant, paffe par un plus grand nombre de milieux ou de verres.

Le reproche que je fais ici à M. Defcartes, n'eft point certainement pour
ternir fa réputation. S'il a échoué contre bien des écueils, porté à cela par
une hardieffe d'inventeur, du moins
a-t-il ouvert les principales routes,
foit en Phyfique, foit en Géométrie,
Sa Méthode eft fi jufte en toutes fes
parties, que même pour le décrédi-
ter, il faut y avoir recours. Mais re-

prenons le fil de nos Expériences.

Le fameux Torricelli s'apperçût le premier que le mercure s'éléve depuis 26. jusqu'à 31. pouces, dans un tube de verre fermé hermétiquement par un bout, & plongé par l'autre au milieu d'un bassin rempli aussi de mercure, & que là il se tient en équilibre avec toute la colonne d'air : il s'apperçut ensuite que l'eau montée à 33. ou 34. pieds dans un tuyau fermé exactement par un bout, & plongé par l'autre au milieu d'un reservoir également rempli d'eau, y reste suspendue, & fait équilibre avec la même colonne d'air. Cette double Expérience frappa tous les Physiciens, qui la répétérent avec une nouvelle ardeur. Ils découvrirent en même-tems les propriétés du Siphon à deux branches inégales, dont la plus connue est que si on le trempe dans un bassin rempli d'eau par la branche la plus courte, cette eau s'écoulera entierement par la plus longue. Et la seule raison qu'on pouvoit apporter de cet effet, étoit celle qu'on apporta, la pression de l'air jointe à sa force élastique : d'où l'on tiroit cette conséquence, que dans le vuide l'eau resteroit immobile, & ne passeroit point d'une branche du Siphon dans l'autre. Mais les premiers qui voulurent tenter cette Expérience, s'étant apparemment servis de machines pneumatiques défectueuses, trouverent le contraire : ce qui rappella tous les doutes dissipés par Torricelli. On commençoit même à vouloir faire revivre l'ancien dogme du Lycée. Mais d'habiles Philosophes vinrent au secours de la vérité méconnue, entr'autres Burcher de Volder Professeur de Philosophie & de Mathématique à Leide : & tous ayant consulté des machines pneumatiques bien purgées d'air, ils virent avec plaisir ce qu'ils avoient conjecturé d'avance, que le Siphon, loin de produire aucun effet dans le vuide, y étoit sans ame, & que l'eau ne passoit point d'une de ses branches dans l'autre. Messieurs Homberg & s'Gravesande ont encore mis cette vérité hors de tout soupçon.

Mais malgré tant d'Expériences, l'air est-il effectivement pesant? C'est ce qu'on demande aujourd'hui. Monfieur Boërhave a répondu que ce qu'on appelle la pefanteur de l'air eft précifément la quantité d'eau qu'il contient, même dans le tems le plus fec, & que cette eau une fois évanouie, l'air ne peferoit plus. Mais comme notre Atmofphere en eft toujours chargée, & que cela ne varie que du plus au moins, les Phyficiens peuvent fans péril refter dans l'ufage où ils font, de dire que l'air eft pefant.

Voici un exemple beaucoup plus confidérable, & qui fait voir la néceffité d'avoir de bons inftrumens. L'illuftre M. Newton a prouvé dans fon Traité des Couleurs, que les rayons lumineux que répand & darde le Soleil, font compofés d'autres rayons plus fins qui portent chacun fa couleur particuliere, & qui ont différens degrés de refrangibilité ou différens angles d'incidence. Ces rayons ne fe démentent jamais, & quoiqu'ils foient diverfement rompus, diverfement réfléchis, ils préfentent toujours la même forte de couleur, de maniere que le rayon rouge ne ceffe point d'être rouge,

rouge, le rayon jaune d'être jaune, le rayon verd d'être verd, &c. Rien n'est plus admirable que toute cette théorie des Couleurs : & ce qu'il y a encore de plus admirable, c'est qu'un prisme de verre suffit pour se mettre en possession de toutes les richesses qu'elle offre à l'esprit. Mais il faut que ce prisme soit du plus beau verre, sans tâches, sans soufflures, sans rayes : & pour avoir manqué d'en avoir un de cette qualité, & aussi pour s'être trop hâté, M. Mariotte, qu'on regarde cependant comme un des plus fins Observateurs de la Nature, ne pût jamais parvenir à s'assû-rer des Expériences proposées par M. Newton. Il trouvoit toujours les sept couleurs principales mêlées en-semble, & dans un autre ordre que celui où elles doivent paroître : ce qui l'engagea à donner un nouveau système des Couleurs, qui n'étoit point visiblement le système de la Na-ture. Il se trompoit.

Depuis M. Mariotte, les Expé-riences sur les Couleurs furent tentées plusieurs fois en France, & toujours rentées fans fuccès. On commençoit même à douter de la vérité du fyftême de l'illuftre Anglois , qui de fon côté fe plaignoit du peu d'exactitude & même de la mauvaife foi des Phyficiens François. Feu M. le Cardinal de Polignac qui penfoit en grand, fentît bien qu'un fait avancé par un homme tel que Newton , ne devoit pas être nié legérement , & qu'il falloit recommencer fes Expériences, jufqu'à ce qu'on fût bien afsûré qu'elles avoient été fuivies avec la derniere précifion. Il fît venir des prifmes d'Angleterre , il fût préfent à toutes les Expériences , les conduifît lui-même en Génie fupérieur , & elles réuffirent.

M. Rizzetti Italien qui a publié un Traité fur les Couleurs dédié au même Cardinal de Polignac , avoue naïvement dans les Objections qu'il propofe contre le fyftême de M. Newton , que jamais il n'a pu répéter fes Expériences , & qu'elles lui ont toujours échappé. Quelques Sçavans de l'Inftitut de Bologne , furpris de l'aveu de M. Rizzetti , fe fervirent

d'abord comme lui de verres achetés
à Venife. Mais voyant que c'étoit fans
fuccès, ils en demanderent à Londres.
Ces nouveaux verres remplirent tous
leurs defirs, & l'opération réitérée avec
prudence, fût très-heureufe entre
leurs mains.

Mais quand on auroit les meilleurs
inftrumens du monde, il pourroit encore arriver par un certain amas de
circonftances, que les meilleurs Obfervateurs ne fuffent point d'accord
enfemble. Et peuvent-ils l'être toujours ? La plus légére inattention,
quelques préjugés dans la maniere de
faifir le même objet, caufent des di-
verfités fenfibles & qu'on n'attendoit
pas.

Une des plus communes opérations
de toute l'Aftronomie eft de déterminer la hauteur du Pole fur l'Horifon,
ou de chercher la latitude du lieu où
l'on eft. Il y a pour cela plufieurs méthodes, mais toutes fujettes à d'aifez
grands défauts. Premiérement, avec
des inftrumens médiocres & de deux
pieds & demi de rayon, fouvent achetés au hazard, les Voyageurs ne peu-

vent guères se flatter d'avoir cette hauteur qu'à deux minutes près. Secondement, avec les meilleurs instrumens, & ayant fait une longue suite d'observations dans un même lieu, les Astronomes ordinaires n'oseroient s'assûrer d'y connoître la hauteur du Pole qu'à 20. & 30. secondes près. M. Cassini appuyé d'une infinité d'observations, a toujours déterminé à 48°. 50. minutes 10. secondes la latitude de Paris prise à l'Observatoire ; & M. de la Hire appuyé d'une égale suite d'observations, a toujours diminué cette latitude de 10. secondes. Cependant quelle justesse ces deux Astronomes n'apportoient-ils point à leurs calculs ? Et combien de fois ne les ont-ils point répétés ? On dira peut-être que cette différence de 10. secondes est peu importante, puisqu'il ne s'agit que de $\frac{1}{23580}$ en tout. Comme la latitude est un élément très-considérable & qui entre dans une infinité d'opérations Astronomiques, on doit souhaiter de l'avoir avec la dernière précision.

Les principales difficultés qui se

rencontrent à déterminer la latitude
d'un lieu, foit par les hauteurs Méridiennes du Soleil ou de quelque Etoile fixe, foit en obfervant deux hauteurs d'une Etoile dont on peut voir
du lieu où l'on eft, une révolution entiere autour du Pole, ou, ce qui revient au même, d'une Etoile qui ne fe
couche point : ces difficultés, dis-je,
proviennent de plufieurs caufes, 1°. de
ce qu'on n'a pas une connoiffance exacte des déclinaifons, foit du Soleil,
foit des Fixes, les meilleurs Aftronomes différant entr'eux fur ce point ;
2°. de ce que les hauteurs Méridiennes
varient par les réfractions dont la jufte mefure ne pourra apparemment
être jamais bien établie ; 3°. de ce
qu'on commence à appercevoir dans
les Fixes des irrégularités qui jufqu'à
préfent paroiffent très-bizarres, de
façon que l'Etoile Polaire, par exemple, obfervée en divers tems donne
des hauteurs de Pole différentes, &
cette différence va à plus d'une demi-
minute.

Les mêmes Meffieurs Caffini & de
la Hire, tous deux habiles Aftrono-

mes & le dernier de surcroît habile Géométre, ont presque toujours différé dans leurs opérations Astronomiques. On pourroit croire qu'un peu de jalousie y a eu quelquefois part, & les a empêchés de s'accorder. Quoi qu'il en soit, M. Cassini a toujours fait l'angle de la parallaxe du Soleil de 10. secondes, & en conséquence son éloignement de la terre de 20, 000. demi-diametres de la terre. M. de la Hire au contraire a toujours fait cet angle de six secondes, & par conséquent l'éloignement ci-dessus marqué de 34, 000. demi-diametres de la terre. Tous les deux observoient cependant, & observoient avec une grande précision. *Summi homines erant, homines tamen.*

VII.

Supposé maintenant qu'un Physicien soit muni d'instrumens de choix, d'instrumens triés avec soin ; qu'il ait une Pendule de M. Graham & une autre de M. Julien le Roy, une Lunette d'approche avec des verres de Campani, un Thermometre de Fahrenheyt, un quart de cercle de Langlois ; fuppofé encore qu'il foit exempt de ces petites jaloufies (1) dont les Obfervateurs les plus diftingués n'ont pu toujours fe garentir, il faut de furcroît que ce Phyficien fçache la maniere de fe fervir à propos de tant d'inftrumens qui lui font confiés. Et cela demande des ménagemens infinis, une adreffe particuliere à vaincre tous les obftacles qui fe préfentent. Un bon Microfcope n'eft point une chofe facile à acquérir. Mais quand on ne veut confidérer que de très-petits objets, il fuffit de préfenter un fil de verre à la flamme d'une bougie. Le bout de ce

(1) Ant. Leeuwenhoeck, homme fans Lettres, mais Obfervateur infatigable, fe mettoit férieufement en colere, quand on lui parloit de quelqu'un qui fe fervoit de Microfcopes. Il le regardoit comme fon ennemi. Les deux freres Bernoully, Jacques & Jean, fe difoient des injures groffieres à tous les Problêmes qu'ils réfolvoient, animés l'un contre l'autre d'une vive jaloufie. Mais cette haine d'érudition n'a jamais mieux éclaté que parmi ceux qui travaillent à l'Hiftoire des Infectes. La petiteffe des objets a réveillé apparemment leur amour-propre.

fil s'arrondit, & par le moyen de la boule détachée, on voit contre le jour des objets presque insensibles, comme un cheveu, la barbe, l'antenne d'un insecte, les animaux cachés qui nagent dans une goutte de liqueur. Cette découverte est dûe à Leeuwenhoek, & peu après à M. Hartsoeker, qui ne purent l'un & l'autre en rendre raison : ce que fît enfin M. Hudde Bourgmestre d'Amsterdam & grand Mathématicien, surpris au même tems qu'un ignorant comme Leeuwenhoek & un jeune homme comme M. Hartsoeker, lui eussent enlevé une pareille découverte.

Le Pendule de M. Hughens doit avoir à Paris trois pieds huit lignes & demie, pour battre une seconde à chaque oscillation, laquelle a pour mesure des arcs de cycloïde, ou, ce qui revient au même, de très-petits arcs de cercles. Et si la terre étoit parfaitement ronde & que la pesanteur fût par-tout dirigée vers un centre commun, il n'y auroit rien à changer à la longueur de ce Pendule, en quelque lieu de la terre qu'on se trouvât.

Mais comme la loi suivant laquelle
agit cette pesanteur , & par conséquent la force avec laquelle les corps
tombent sur la surface de la terre,
varient continuellement, il doit arriver à deux Observateurs dont l'un
iroit de Paris vers l'équateur & l'autre
iroit vers le Pole, il doit, dis-je, arriver au premier de voir son Horloge à
pendule retarder considérablement sur
le moyen mouvement du Soleil, & à
l'autre de le voir avancer. Que feront-
ils donc à l'aspect de ce double Phénoméne ? Si on les suppose instruits de
cette régle importante , *que des corps*
égaux qui décrivent dans le même tems
des cercles différens , ont des forces cen-
trifuges différentes & proportionnelles aux
circonférences des cercles décrits : ils
s'appercevront incontinent , le premier qu'il doit raccourcir son Pendule,
& le second qu'il doit l'allonger. En
effet, plus on approche de l'équateur,
plus cette force inconnue qu'on appelle pesanteur, diminue, & cela en
raison de la force centrifuge qui augmente : & comme elle est très-petite
sous les Poles, la pesanteur y est aussi

très-grande. Elle suit dans la chûte
des corps qui tombent sur la terre , la
même régularité que suit dans l'attraction de tous les corps céleftes la gravité. Si donc on laiffe le Pendule dans
le même état , on voit que la durée
des ofcillations doit devenir d'autant
plus longue que la pefanteur diminue , & qu'elle doit devenir d'autant
plus courte que cette pefanteur augmente. Par conféquent il n'eft pas
moins néceffaire de raccourcir le Pendule en allant vers l'équateur , que de
l'allonger en allant vers les Poles.

Le détail de cette Expérience fait
voir comment on peut mettre à profit
les lumieres qu'on a acquifes , & comment elles viennent au fecours les
unes des autres. Il n'y a point de Na-
vigateur qui ne foit prévenu de la variation de l'aiguille aimantée , & qui ne
fçache qu'elle décline tantôt plus , tantôt moins , tantôt du côté de l'Eft ,
tantôt du côté de l'Oueft : ce qu'il connoît & détermine par la plus fimple
de toutes les opérations , je veux dire ,
par les amplitudes ortives & occafes.
Mais il feroit bien neuf, s'il ignoroit

1°. qu'il y a des parages où l'aiguille est folle & fait en moins de vingt-quatre heures le tour du compas ; 2°. qu'il y en a d'autres tout-à-fait exempts de variation, & qui se trouvent situés à peu près sous un même méridien. On doit voir à ce sujet la curieuse Carte dressée en 1700. par M. Halley, célébre Astronome Anglois, sous le titre de *Nova & acuratissima totius terrarum orbis Tabula Nautica variationum Magneticarum index*, &c. Cette Carte représente par le moyen de plusieurs courbes tracées irréguliérement, les lieux où la variation prend de l'Est, ceux où elle prend de l'Oüest, ceux enfin où elle est nulle & égale à zero. M. Halley, en publiant cette Carte, avoit enseigné la maniere de la renouveller de tems en tems : mais les Observateurs manquent, sur-tout parmi ceux qui navigent, & ils manquent si fort qu'il est souvent arrivé des naufrages & d'autres accidens fàcheux à la mer, faute d'avoir connu avec assez de justesse la déclinaison de la Boussole. On attribue même la perte de l'Escadre Angloise

commandée par le Chevalier Clou-
defly Shovell, à l'ignorance où étoient
fes Pilotes de la variation, fur les Côtes Méridionales d'Angleterre & à
l'entrée de la Manche.

Mais d'où peuvent provenir & ces
différences, & tant d'autres qu'on découvre tous les jours : c'eft ce qu'apparemment nous ne fçaurons jamais, la
vertu de l'aiman & fes propriétés fi
fingulieres tenant au fyftême général
de l'Univers, où nos foibles recherches n'arriveront point, & qui feront
toujours un énigme pour nous. A l'é-
gard des hypothéfes, quelque bien
travaillées & quelque ingénieufes
qu'elles foient, on doit en faire le
même cas que font des Fables & des
Romans, ceux qui aiment la vérité
hiftorique.

Il y a cependant un cas où l'on peut
fe permettre une hypothéfe : c'eft lorfqu'on a recueilli un grand nombre de
faits certains, & qu'on veut les rappeller à quelque point fixe, pour enfuite les comparer enfemble. Une hypothéfe vient alors très-à-propos : & fi
les faits font bien obfervés, s'ils fe

déduifent dans un certain ordre les uns des autres, elle fe changera immanquablement en réalité. C'eft ce qui eft arrivé à plufieurs grands Aftronomes: à Copernic, par exemple, qui fuppofa pour le befoin de fon fyftême le parallélifme conftant de l'axe de la terre fur fon orbite; parallélifme fi bien vérifié depuis, non-feulement par rapport à la terre elle-même, mais encore par rapport à toutes les Planétes dont on connoît la rotation. La même chofe eft arrivée à M. Huggens, qui obfervant les différentes phafes de l'anneau de Saturne, regarda cet anneau comme un cercle plat & mince qui l'environne, & en même-tems tourne autour de lui. Il fuppofa que vû de front, cet anneau devoit paroître tout rond, & vû obliquement, il devoit paroître comme un ovale; que vû de profil, en ne montrant directement que fa circonférence, il devoit paroître comme une ligne droite, parce qu'il ne peut alors renvoyer fur la terre la lumiere qu'il reçoit du Soleil: dernier Phénoméne qui ne revient que d'environ quinze en quinze ans. Tout

cela a bien été confirmé depuis , &
les Aſtronomes ſont d'accord entr'eux.

VIII.

Mais ces connoiſſances n'étant que
préliminaires, un Phyſicien doit aller
plus loin & ſe rendre attentif à tout ce
qui l'environne, au lieu, au tems, à
la ſaiſon, à la force & direction du
vent , à l'état même où il ſe trouve.
Car tout cela peut altérer une Expérience, & l'altérer de maniere à la faire méconnoître, ou quelquefois à la
faire manquer tout-à-fait. Et premiérement, pour ce qui regarde le lieu,
on ſçait que les animaux venimeux ne
le ſont point également par-tout, &
que les plantes dont on tire dans un
pays des ſucs empoiſonnés , s'employent dans un autre ſans péril. Ainſi,
pour faire réuſſir une Expérience, il
faut remarquer avec exactitude le lieu
où l'on eſt, & le degré de chaleur qui
y regne. Le célébre François Rédi,
par exemple, obſerve que les morſu-
res des araignées ſont très-dangereuſes
en Italie : *morſu virus habent*, dit-il ,

& fatum in dente minantur. Mais en Angleterre & dans les autres régions froides , ces infectes n'ont aucun venin , suivant le rapport du sçavant Naturaliste Jean Ray, qui cite même un curieux de ses amis , lequel s'étant fait une blessure à la main avec la pointe d'une aiguille , s'en fît incontinent une autre avec cette éguille frottée contre les dents d'un araignée. La douleur qu'il ressentît à ces deux blessures , fût à peu près la même : seulement y eût-il un peu plus de rougeur & d'inflammation à la derniere.

Ces recherches de François Rédi & de Jean Ray font en gros très-justes. Mais Swammerdam qui a depuis eux fait des observations précises sur les Araignées , assûre qu'elles n'ont point de dents, mais des especes de dards pointus , d'une matiere qui approche plus de la corne que de l'os, & qu'elles s'en servent pour percer les mouches dont elles vivent , en suçant leur sang. Ces dards tiennent lieu de dents aux araignées , & ont beaucoup de ressemblance avec les ongles des oiseaux de proye. Swammerdam ajoûte que quelque foin qu'il ait pris, il ne leur a jamais trouvé aucune ouvertu-re, comme aux dents des viperes, & qu'après avoir exprès tourmenté long-tems des araignées, pour juger de leur venin, elles ne lui avoient pas pa-ru plus malfaifantes qu'auparavant.

En fecond lieu, le tems, le jour, la nuit, peuvent caufer à une Expérience des variations infinies. Toutes chofes égales, on trouve l'air plus tranfpa-rent, plus net, après de grandes pluies qu'en un autre tems, parce qu'il eft alors comme rincé, & les objets fe découvrent mieux. On trouve auffi que les verres ardens brûlent alors avec plus de force, & que la poudre à canon s'allume plus vîte. De la mê-me maniere, on obferve que les re-fractions qui changent le lieu appa-rent de tous les Aftres, font plus gran-des l'hiver que l'été, & par une con-féquence naturelle, plus grandes vers les poles que fous l'équateur. Mais on fe tromperoit fort : fi l'on croyoit que la pefanteur de l'air augmente à mefure qu'il devient plus refractif, plus épais. Effectivement, les refractions fous l'équateur font d'une quantité confidérable plus petites qu'à Paris : & quoiqu'il y ait des raifonnemens contraires, il paroît affez naturel que ces refractions aillent toujours en augmentant de Paris jufqu'au Pole. L'air cependant n'y eft pas plus pefant, & fa conftitution à Stockolm diffère très-peu de la conftitution de celui de Paris.

La plus belle fuite que nous ayons d'obfervations faites au Barométre & au Thermométre, eft fans doute la fuite des obfervations commencées par M. de la Hire, continuées par Mrs Maraldi oncle & neveu, laquelle contient plus de 40. années. Quoique ce morceau de Phyfique paroiffe des plus intéreffans, M. de Reaumur cependant a jugé toutes ces obfervations vaines & inutiles : & fa raifon eft qu'elles ont été faites dans un lieu trop refferré, je veux dire au bas d'une des tours de l'Obfervatoire, découverte à la vérité par le haut, mais où l'air contenu ne fe refroidit ni ne s'échauffe jamais auffi vîte que l'air extérieur. Il fuit de-là, dit M. de Reaumur, que les obferva-

tions faites au bas de cette tour, ne
donnent que les degrés de froid & de
chaud de l'air qui y est renfermé, &
nullement les degrés de froid & de
chaud qu'on a éprouvés au-dehors de
l'Observatoire. Les différences de cet
air intérieur & de cet air extérieur sont
très-grandes, & d'autant plus grandes
que les augmentations du froid & du
chaud auront été plus promptes & plus
subites, &c. Cette remarque de M. de
Reaumur si juste en tous ses points, doit
nous faire rejetter la plus grande partie des observations dûes au Barométre & au Thermométre. Car ceux
qui nous les offrent, ne nous disent
point où ils les ont faites, & il y a
apparence que c'est dans leur cabinet
ou dans quelque chambre attenant,
les Physiciens d'ordinaire n'en ayant
pas beaucoup de réserve. Que suit-il
de là, c'est qu'on s'imagine sçavoir les
degrés de froid & de chaud d'un pays,
tandis qu'on ne sçait que les degrés de
froid & de chaud du cabinet ou tout
au plus de l'antichambre d'un Philosophe. Je veux même que son Thermométre soit exposé au-dehors de sa mai-

fon, & à l'air extérieur : il faudra encore fçavoir fi la rue où il demeure eft étroite ou large, à quel air de vent fa maifon eft tournée, s'il y a quelque grand édifice, quelque Eglife ou quelque muraille qui la défende des vents de Nord, & de Nord-Eft. Un Thermométre fera plus fenfible aux impreffions de l'air, étant fufpendu contre le mur d'une des maifons de la Place de Louis le Grand, que contre le mur d'une de ces petites rues qui bordent le Palais. Peut-être le fera-t-il encore davantage, étant fufpendu contre le mur de quelque maifon bâtie fur le oulevart.

D'ailleurs, la temperature de notre air eft telle que les vents peuvent la changer d'un moment à l'autre, fuivant le côté d'où ils viennent, de forte qu'il s'échauffe dans un endroit & fe refroidit dans l'autre. J'ai fouvent obfervé qu'au même jour & à la même heure, un Thermométre fufpendu contre un mur expofé au Nord marquoit un degré de froid très-différent d'un autre Thermométre fufpendu contre un mur expofé au Sud ou au Sud-Oüeft.

En troisiéme lieu , les différentes saisons de l'année changent si fort une Expérience , que pour la bien saisir , il faut nécessairement marquer en quelle saison elle a été faite. Qu'on prenne , par exemple , des ressorts d'acier , de petites verges & des lames de fer , on les trouvera l'été ou pendant le chaud , plus roides , plus difficiles à manier , que l'hiver ou pendant le froid : de-là , concluoit M. de la Hire qu'il vaut mieux suspendre à une soye qu'à un ressort la verge du Pendule des grandes Horloges , parce que ce ressort devenant plus roide l'été , fait ses vibrations plus fréquentes , au lieu que se trouvant plus mou l'hiver , il les fait plus lentes. Qu'on passe ensuite différens morceaux de fer à la pierre d'aiman , on verra que ses effets sont beaucoup plus sensibles par le chaud , que par le froid ; que l'aiguille aimantée est plus mobile & plus active en allant vers l'Amérique , où sa déclinaison est presque nulle , qu'en allant au Cap du Nord ou Nord-Kyn , & dans la Laponie Danoise. Quelqu'un a ajoûté même que la vivacité de l'aiman est plus confidérable pendant le jour, que pendant la nuit, & cela proportionnellement au degré de chaleur qui eſt toujours moindre la nuit que le jour.

En quatriéme lieu, il y a des occaſions où un Obſervateur doit avoir égard aux vents qui regnent, à leur force, a leur direction : & principalement, lorſqu'il s'agit de déterminer aux nouvelles & pleines Lunes la hauteur des marées dans un Port, ou à l'embouchure de quelque grand fleuve. Car ſi les vents soufflent contre terre, les marées feront beaucoup plus hautes, que ſi ces mêmes vents souffloient à l'oppoſite & repouſſoient les eaux. On ne peut donc rien décider sur cette matiere, que le tems ne soit calme, & que l'obſervation n'ait été répétée pluſieurs fois de suite. Et puiſque j'ai parlé des marées qui font un des principaux objets de la Phyſique, je dirai qu'il y a toujours une grande différence entre celles du jour & celles de la nuit,& que rarement on les voit se rapporter les unes aux autres. Je m'explique. Si le jour de la nouvelle ou pleine Lune, la mer à midi monte dans un Port de quinze ou vingt pieds, on peut afsûrer d'avance qu'elle ne montera point à minuit uniformément, ni même à peu près. Ce font des variations continuelles. Tantôt les marées du jour furpaffant les marées refpectives de la nuit, tantôt celles de la nuit furpaffant les marées refpectives du jour. Pour la caufe de ce Phénoméne, on ne l'a point jufqu'ici trouvée. Mais cette ignorance ne m'étonne point. Eft-on plus éclairé fur la caufe elle-même du flux & du reflux de la mer ?

En dernier lieu, un Obfervateur doit s'étudier fans complaifance, & avoir égard à la difpofition particuliere où il fe trouve. M. Petit le Médecin rapporte qu'en maniant des cryftallins de veau, ces cryftallins lui paroiffoient opaques & comme glaucomatiques, toutes les fois que fes mains étoient froides, & au contraire qu'ils reprenoient leur tranfparence, quand fes mains étoient échauffées. Un autre Médecin, fameux pour avoir vérifié fur lui-même les Expériences de Santorini qui regardent la tranfpiration infenfible, rapporte qu'un homme qui tous les jours fe laveroit les mains avec de l'efprit de vitriol, en s'y accoûtumant par degrés, pourroit enfin tenir impunement des charbons allumés : non, que le feu fe dépouillât en fa faveur de l'activité qui lui eft ordinaire, mais parce que fes mains en fe cautérifant, deviendroient infenfibles. Le corps peut donc acquérir des difpofitions particulieres, qui le rendront plus ou moins propre à recevoir les impreffions des objets extérieurs : & l'on croira fouvent que ce font ces objets qui changent de nature, quand c'eft le corps qui change lui-même en détail. Un peu d'attention fuffira pour démêler l'équivoque, & corriger l'erreur.

On demande quelquefois d'où proviennent les fympathies & les antipathies : on en cherche la caufe réelle & effective. Pour éclaircir cette queftion qui a fa difficulté, je confidére les nerfs ou les filets nerveux dans le corps humain, comme fi c'étoient autant de cordes tendues & fufceptibles du moindre ébranlement. Ces cordes tranſmettent à quelque partie du cerveau (elle n'eſt point encore déter-minée) l'impreſſion plus ou moins vi-ve que les objets extérieurs font ſur les ſens : & alors l'ame ſe trouve émue & affectée d'une ſuite de modifications, qu'il n'eſt point du tout à ſon choix de refuſer ou même d'affoiblir, pour leur en ſubſtituer d'autres. Cela étant, ſi l'on admet deux hommes dont les fi-lets nerveux ſoient également tendus, ils s'approcheront d'autant plus volon-tiers l'un de l'autre, ils ſe chercheront avec d'autant plus d'ardeur, que la même ſuite d'objets viendra non-ſeule-ment à les frapper, mais les frappera encore du même biais. De-là des goûts, des mœurs, des préjugés, des inclina-tions analogues : de-là, ſi j'oſe le dire, un ſixiéme ſens donné à l'homme & qui ſupplée à ce qui peut manquer aux autres : de-là enfin deux hommes à l'uniſſon. Tout le contraire arrive, quand les nerfs font inégalement ten-dus. On ſe fuit, on ſe déplaît, on hé-ſite à ſe lier & à s'accorder enſemble. Toutes les diſpoſitions du cœur & de l'eſprit, toutes les humeurs paroiſſent différentes & oppoſées.   IX.

IX.

Les principaux obſtacles qui pourroient faire manquer une Expérience, ainſi levés, reſte à procéder à l'Expérience même. Mais avant toutes choſes, il faut ſe former une idée diſtinˆte de ce qu'on cherche, & de ce qu'on veut trouver. Car il arrive ſouvent que pluſieurs ſe donnent des peines infinies, qu'ils ſe conſument en frais qui les gênent, ſans viſer à aucun objet fixe & certain, du moins ſans le trop connoître. Tels ſont ces prétendus Chymiſtes qui aſpirent à la tranſmutation des metaux, à la Pierre Philoſophale. Demandez-leur s'ils ſçavent quelle eſt la tiſſure intime de ces métaux, quelles ſont les parties integrantes qui les compoſent, dans quels principes ils ſe flattent de les réſoudre. Vous verrez à leur embarras l'excès de leur ignorance. Que cherchent-ils donc ? un eſprit univerſel, une ſemence métallique, un feu élémentaire, à quoi ils réduiſent toute la Phyſique. Mais qui leur a dit qu'il y a dans

L

la nature un tel efprit, une telle femence, un tel feu. Leur unique recours fera le filence opiniâtrement
gardé. Tels font encore ces prétendus
Méchaniciens, qui fe propofent de
trouver le mouvement perpétuel. Ils
ignorent apparemment que dans toute
machine il y a un centre de gravité
commun, autour duquel les différentes parties de cette machine fe trouvent tellement balancées, que leur
force vient à s'y réunir toute entiere :
& quand il arrive que ce centre de
gravité eft auffi bas qu'il le peut être,
fans avoir la liberté de defcendre davantage, alors toutes ces parties doivent s'arrêter, alors il n'y a plus de
mouvement.

Tels font enfin ces prétendus Mathématiciens, qui à peine munis d'un
peu de Géométrie élémentaire, cherchent la quadrature du cercle : car
pour les grands Géométres, ils fe donnent bien de garde de la chercher &
fe contentent d'en approcher d'infiniment près, perfuadés qu'ils font &
que ce Problême eft au-deffus des efforts que peut faire l'efprit humain, &

que toute rectification , toute quadrature , toute cubature réductible à la
quadrature du cercle , eft une affaire
défefpérée, du moins par les méthodes connues jufqu'ici & fans doute par
celles qui pourront l'être dans la fuite.
Ce qui trompe d'ordinaire les Com-
mençans & les porte à l'erreur , c'eft
que voyant d'un côté que la figure infcrite eft plus petite & de l'autre que
la figure circonfcrite eft plus grande
que le cercle, ils s'imaginent que ce
cercle doit être moyen entre l'une &
l'autre : ils concluent de là qu'il fuffit
de multiplier proportionnellement &
les figures infcrites & les figures cir-
confcrites , pour parvenir à une figure
moyenne qui foit rectifiable & quarra-
ble. Mais outre que le cercle furpaffe
la figure infcrite d'une partie plus confidérable que celle dont il eft furpaffé
par la figure circonfcrite, & confé-
quemment qu'il n'eft point figure
moyenne entre l'une & l'autre : il
faut encore remarquer 1°. que toute
figure infcrite eft de néceffité plus petite, & toute figure circonfcrite de néceffité plus grande que le cercle, quel

que ſoit le nombre de leurs côtés &
à quelque puiſſance qu'on les éléve ;
2°. qu'aucune de ces deux figures ne
peut jamais devenir égale au cercle,
à moins qu'elle ne devienne en même tems infinie, car le cercle, à proprement parler, eſt une figure inſcri-
te & tout enſemble une figure cir-
conſcrite d'une infinité de côtés, les
deux s'étant confondues en une ;
3°. qu'on ne peut rectifier la circonférence du cercle, & quarrer utilement le cercle lui-même, que par
une ſérie inépuiſable ou par une ſuite
de nombres qui ſe ſuccédent à l'infini
les uns aux autres. C'eſt ainſi que
M. Leibnits a trouvé la quadrature du
cercle, & qu'avant lui Mercator avoit
trouvé celle de l'hyperbole ; les recherches de ces deux Auteurs les ayant conduits à une ſuite infinie de nombres
rationels égale aux eſpaces circulaires
& hyperboliques.

Un autre défaut où tombent la plûpart des Philoſophes prevenus de quelque opinion vraiſemblable, c'eſt de
s'imaginer voir ce qu'en effet ils ne
voyent pas : c'eſt de ſe perſuader fol-

lement que par-tout fe rencontrent les
objets de leur complaifance, ou, pour
mieux dire, de leur préoccupation. On
croyoit depuis long-tems que les
Coraux, les Madrepores, les Retipo-
res, les Lytophitons, étoient de véritables Plantes de mer qui végé-
toient, & qui au lieu de fe nourrir à
la maniere des Plantes terreftres, en
tirant le fuc qui leur eft propre par une
infinité de tuyaux qui compofent leurs
racines, fe nourriffoient au contraire
par une infinité de petits pores dont
eft percée leur écorce ou leur peau extérieure. M. le Comte de Marfigli tout
plein de ce fyftême & voulant éclaircir la génération complette des Plantes marines, examina fur les côtes de
Provence & de Languedoc, plufieurs Coraux, & crût trouver au
bout de leurs branches de petits
corps organifés & découpés à la maniere des fleurs qui paroiffent fur la
terre. Il publia auffi-tôt cette découverte, & tous les Phyficiens l'admi-
rerent, fans fe reffouvenir que le
célébre Naturalifte Jean Ray avoit
prouvé qu'il étoit impoffible que des

fleurs nâquiffent fous les (1) eaux.

Encouragé par les louanges qu'il avoit reçûes, M. le Comte de Marfigli pouffa plus loin fes recherches & affûra que les corps organifés qu'il avoit vûs, étoient de véritables fleurs accompagnées de leur femence propre, que non-feulement il en avoit trouvé fur les Plantes pierreufes, mais encore fur celles qui ont la foupleffe de la corne & qui étant brûlées, répandent la même odeur que la corne elle-même brûlée. Il n'y eût plus qu'un cri d'admiration, & toutes les Académies, hors la Société Royale de Londres, adopterent jufqu'aux moindres

(1) M. le Comte de Marfigli, avant que de fe livrer à l'étude de la Phyfique, avoit fuivi la profeffion des armes. Mais ayant été accufé de lâcheté & de corruption, après la prife du vieux Brifack par les François, la Cour de Vienne le fît dégrader des armes & le condamna à porter toute fa vie une épée de bois. M. le Comte de Marfigli fe retira en Italie, où pour fe confoler des difgraces qu'il avoit reçues, il s'appliqua tout entier à l'Hiftoire Naturelle & y fît de grands progrès. C'eft à lui qu'on doit l'établiffement de l'Inftitut de Bologne.

détails, la découverte de M. le Comte de Marsigli.

Il se trompoit cependant, & ce qu'il prenoit pour des fleurs étoient de très-petits, mais de véritables animaux, les uns semblables à des orties, les autres à des étoiles de mer. Il se trompoit encore sur ce qui regarde les Plantes elles-mêmes, soit Coraux, Madrepores, soit Lytophitons, qui ne font que des assemblages des coquilles de ces mêmes animaux. On les en voit sortir à milliers, quand on secoue ces Plantes dans l'eau vers la fin de l'hiver, & il y a apparence que leurs articulations ou leurs nœuds font les endroits où finit une cellule & où une autre commence. Et toutes ces cellules jointes ensemble forment ce qu'on avoit pris pour une Plante, & cependant ne font que l'ouvrage ou le nid travaillé de divers insectes de la mer.

Autre exemple de prévention. Les Académiciens de Florence, voulant prouver que la chaleur ne consiste que dans une agitation violente des parties les plus tenues du corps échauffé, sans aucune addition de matiere étrangère, aſſûrent que des lames d'acier rougies au feu peſent moins que lorſqu'elles ſont refroidies. Ils ajoûtent même qu'ils en ont fait l'expérience. Mais quelle que ſoit l'autorité de ces Académiciens en Phyſique, on peut dire que cette Expérience eſt autant à rejetter, que la raiſon qu'ils en donnent. Véritablement, des lames d'acier rougies au feu peſent plus que les mêmes lames refroidies : ce qui convient à l'idée qu'on doit avoir du feu, lequel eſt un fluide d'une nature particuliere, & compoſé de mollecules très-rapidement mûs. Or ce fluide ne peut agir ſur des corps & les pénétrer intimement, en les diviſant & ſubdiviſant à l'infini, ſans augmenter leurs poids, & l'augmenter d'une maniere qui ſoit ſenſible, qui frappe. Et non-ſeulement un pareil effet ſe remarque dans les corps expoſés au feu ; mais encore dans ceux qu'on préſente aux rayons du Soleil, & qui en étant imbibés, deviennent plus peſans.

Tel eſt le plomb rouge, ou les cendres du plomb ordinaire brûlé & calciné au feu de reverbere, pendant trois ou quatre heures. Ce plomb devroit, ce femble, pefer moins, puifqu'il a été dépouillé par l'action du feu de quantité de fes parties fulfureufes & volatiles : cependant après la calcination il pefe beaucoup davantage. Et fi pour pouffer l'expérience au bout, on met de ce plomb rouge dans un récipient de verre dont tout l'air ait été pompé, & qu'on l'échauffe avec les rayons du Soleil réunis dans un miroir ardent, on verra que ce plomb augmente encore de poids, & cela d'une maniere très-confidérable.

J'ajoûte que non-feulement tous les corps pefent plus, quand ils font échauffés que quand ils font refroidis, mais encore que ceux qui ont le double avantage d'être malléables & ductiles en même-tems, comme les métaux, s'allongent par la chaleur. Il ne faut pour cela que les convertir en lames ou en verges d'une médiocre épaiffeur. On voit fenfiblement qu'elles s'allongent en raifon inverfe compofée de leur cohéfion & de leur pefanteur fpécifique. Sur quoi, j'ai une remarque importante à faire, c'est que de tous les métaux, celui qui se ressent le moins des différentes impressions de l'air, qui s'allonge le moins au chaud comme il se raccourcit le moins au froid, est le fer. Aussi paroît-il d'une utilité générale, & plus grande que les autres métaux. Les sauvages d'Afrique & d'Amérique le préférent à l'or que nous allons leur demander avec tant de peines, & une si folle avidité. Ils croyent gagner au change, & ils y gagnent réellement.

L'opinion Cartésienne qu'il n'y a point de vuide, & que s'il y en avoit, tout le méchanisme de la nature cesseroit & ne pourroit point s'exécuter : cette opinion, dis-je, a dérangé bien des Expériences, en les laissant porter à faux. Les uns se sont imaginés que les corps qui ont du ressort, le perdent tout-à-fait dans le vuide, & autant les corps à ressort parfait, que ceux qui par leur propriété naturelle se compriment & se dilatent alternativement. Mais le contraire a depuis été si bien prouvé, qu'il n'est plus désormais besoin de recourir à je ne sçai quelle

matiere fubtile pour expliquer les effets du reffort, la force attractive dont
les corps font doués, & cela à proportion de la matiere réelle qu'ils contiennent & en raifon inverfe du quarré de
leurs diftances, étant plus que fuffifante pour expliquer ces effets. Les
autres ont prétendu qu'un rayon de
lumiere, en paffant du vuide dans
l'air, ne fouffre aucune refraction,
& qu'il traverfe deux milieux de caractere fi différent en ligne droite. Cependant le contraire étoit fi aifé à vérifier, que je fuis étonné qu'on ait pû
s'y méprendre. Et même en faifant
cette vérification, on auroit découvert un des plus curieux Phénoménes
de la nature, c'eft que la lumiere eft
le feul corps qui paffant d'un milieu
moins denfe dans un autre plus denfe,
loin de s'éloigner de la perpendiculaire, s'en approche fenfiblement, &
s'en approche d'autant plus que le milieu eft plus denfe, fans pourtant fe
confondre jamais avec elle. Ce qui ne
s'obferve pas moins, lorfque le rayon
de lumiere paffe du vuide dans l'air,
que lorfqu'il paffe de l'air dans l'eau ou
dans le verre.   L vj

Il suit de-là que les milieux transparens plus denses donnent un passage plus aisé à la lumiere, & plus aisé à proportion de leur densité, ou, ce qui revient au même, que la lumiere y trouvant moins de résistance, s'y meut avec plus de facilité & de vîtesse.

Quoique le meilleur moyen de réussir dans une Expérience, soit de bien sçavoir ce que l'on cherche, & de le chercher avec un esprit pur & détaché de toute prévention : on ne laisse pas dans le cours de l'Expérience de découvrir certaines choses, à quoi l'on ne pensoit nullement. C'est ainsi qu'un Chymiste Allemand, nommé Brandt, qui demeuroit à Hambourg, homme d'ailleurs peu connu, trouva cette matiere lumineuse & facile à s'enflammer, le Phosphore enfin. Il travailloit depuis long-tems sur l'urine, dans l'espérance de parvenir au grand-œuvre. Tous ses efforts, toutes ses distillations lui furent inutiles. Mais enfin il saisit un jour au fond de son récipient cette matiere précieuse, qui ne porte plus le nom de son premier inventeur, mais celui de Kunckel Chymifte de l'Electeur de Saxe lequel fe fit honneur du travail d'autrui.

C'eft encore ainfi que M. Picard raccommodant fon Barométre , fût très-furpris de voir que fecoué dans l'obfcurité , il donnoit de la lumiere. Auffi-tôt tous les Phyficiens à qui le fait fût communiqué , éprouverent les leurs : mais comme il s'en rencontra très-peu qui euffent le même privilege , la chofe s'affoupît , & on n'en parla plus. Environ 30. ans après ; M. Bernoulli fe mît à examiner fon Barométre , & l'ayant trouvé lumineux , il expliqua ce Phénoméne fuivant le fyftême Cartéfien : mais cette explication qui fût goûtée & applaudie en France , n'eût pas le même fuccès en Angleterre.

Il n'y a plus aujourd'hui de difficulté fur cette matiere : & pourvû qu'on ait un tuyau entiérement vuide d'air , & que le mercure foit purgé de toute particule hétérogéne, on pourra compter fur un Barométre lumineux.

X.

L'Expérience étant faite, pour peu que l'Observateur soit délicat sur son travail & jaloux de sa réputation, il la recommencera, soit en tout, soit en partie, crainte d'avoir omis quelque circonstance importante, quelque point essentiel, & aussi pour s'assûrer s'il a vû chaque chose dans sa place précise, & de la maniere qu'elle demandoit à être vûe. M. Homberg qui a fait tant d'observations au Miroir ardent, avoit dit que tous les métaux s'y vitrifioient, & particuliérement l'or. Le fait même sur sa décision passoit pour constant en Physique. Mais d'autres Philosophes ont depuis avoué sans crainte, qu'ayant remanié les Expériences annoncées par le Chymiste, elles ne leur avoient point réussi, & que non-seulement ils n'avoient pû parvenir à la vitrification de l'or, mais encore à celle du plomb, quelque tems qu'ils y eussent employé. Que conclure de ce double aveu, si ce n'est que pour n'avoir plus aucun doute sur

des Expériences d'une certaine diftinction, il faut qu'elles ayent été répé-
tées plufieurs fois de fuite, & par des
mains aguerries & fçavantes ? Telles
étoient fans doute celles de Meffieurs
Hughens & Mariotte, à qui l'on doit
des obfervations fi neuves fur la force
des corps en mouvement. Cependant
il eft certain que ces deux Phyficiens
fe font trompés, en croyant que la
mefure de cette force étoit le produit
de la maffe par la vîteffe : au lieu que
c'eft conftamment le produit de la
maffe par le quarré de la vîteffe, ainfi
que l'ont fait voir toutes les obfervations poftérieures, qui diftinguent la
force vive ou celle qui réfide dans un
corps mû uniformément, de la force
morte ou de celle que reçoit un corps
fans mouvement, lorfqu'il eft preffé
& follicité de fe mouvoir. Cette force
morte eft un fimple effort, une tendance au mouvement, qui fe renouvelle à chaque inftant & qui à chaque
inftant fe détruit par une force contraire, par un obftacle étranger. Ainfi, la pefanteur qui eft conftamment
une force, imprime à tout corps ter-

reftre un mouvement vers le centre de la terre : & fuppofé que ce corps foit arrêté par un obftacle invincible , elle lui imprime du moins une tendance vers ce centre, telle que fi on ôtoit l'obftacle, le corps feroit auffi-tôt en mouvement pour y aller. La force vi- ve au contraire eft celle qui eft conti- nuellement exercée dans la commu- nication du mouvement , & cela pen- dant un tems marqué plus ou moins long : ce qui rend cette force propor- tionnelle au quarré de la vîteffe (1).

Quoi qu'il en foit, voici un exem- ple frappant de l'art avec lequel une Expérience doit être répétée. L'ingé- nieux Chevalier Boyle voulant connoî- tre le rapport que la Nature a mis en- tre l'air & la flamme, eût recours à la matiere qui de toutes s'allume le plus

(1) Il eft à propos de lire ce qui a été écrit fur cette matiere par M. de Mairan, fçavoir, fa Differtation fur l'eftimation & la mefure des Forces motrices, & fa Lettre à Madame *** fur la Queftion des Forces vives, &c. Il y a une Réponfe de Mada- me *** à cette Lettre , où parmi plufieurs railleries fe trouvent des chofes décifives & très-fenfées.

aifément, je veux dire, à la poudre à canon. Il en renferma dans le récipient de fa machine pneumatique dont il pompa tout l'air, & y mit enfuite le feu, pour voir s'il y auroit flamme, explofion & bruit. D'abord, il y mit le feu avec une mêche ordinaire : ce qui n'ayant point eu le fuccès qu'il en attendoit, il employa les rayons du Soleil, tantôt réunis dans un verre ardent, tantôt refléchis par un miroir de métal. La poudre étoit auffi, tantôt éparpillée, tantôt raffemblée en un monceau. Non content de ces premieres tentatives, M. Boyle en fît de nouvelles, & toujours dans le vuide. Il prît un morceau de fer rouge fur lequel il jetta des grains de poudre : enfin, ayant choifi un globe de verre où il y avoit auffi de la poudre renfermée, il ôta tout l'air de ce globe, & le plaça entre des charbons ardens. Le réfultat de toutes ces Expériences fût différent. Une fois la poudre fe fondît en jettant beaucoup de fumée : une autre fois le fouffre s'alluma, fans que les deux autres matieres qui y étoient incorporées, en souffriſſent. Une autre fois les grains prirent feu, mais ſéparément. La derniere fois enfin toute la poudre s'enflamma avec exploſion & détonation : ce qui enleva le récipient de verre, lequel avoit 5. à 6. pouces de diametre & plus de 8. de profondeur.

Il eſt aiſé de voir par la ſuite de ce procédé, de quelle maniere un Obſervateur habile ſaiſit une Expérience, & de combien de façons différentes il la ſçait tourner. Plein de reſſources, il arrive ſûrement au but, quelques obſtacles qu'il rencontre ſur ſa route. Au reſte, ces reſſources ſuppoſent un génie d'invention qui n'eſt pas ordinaire, & dont toutes les ſciences profitent également. M. Caſſini, par exemple, à qui le Ciel étoit ſi familier & ſi bien connu, ſçachant combien il eſt difficile d'avoir les parallaxes des Planétes, parce qu'il faut des obſervations faites dans le même tems en des lieux très-éloignés, imagina une autre méthode où un ſeul Obſervateur ſuffit, parce qu'une Etoile fixe tient lieu d'un ſecond. De même, cet habile Aſtronome donnant au public ſes Ephémé-

rides des Satellites de Jupiter calculées
fur le méridien de Paris, y établiſſoit en
quelque maniere un Obſervateur perpétuel, avec qui tous les autres n'ont
qu'à correſpondre, en comparant le
tems de leurs obſervations avec le tems
où ces mêmes Phénoménes ont été
marqués pour cette grande Ville.

Après tout, il y a des Expériences
d'un certain caractere qu'on eſt obligé
néceſſairement de répéter, quand même on feroit aſſûré de les avoir bien
faites. Témoin celles qui regardent la
peſanteur & la legereté de l'air, ſon
humidité & ſa ſéchereſſe. Tout cela
ne change-t-il point à meſure que les
faiſons changent, & même pluſieurs
fois dans une même faiſon? Témoin
encore celles qui regardent les corps
électriques, dont le nombre augmente
chaque jour, & devient plus conſidérable. Ces corps n'ont point en tout
tems une égale électricité : on voit &
qu'elle augmente, lorſque l'air eſt
ſec, & qu'elle diminue, lorſque l'air
eſt humide. L'aiman lui-même paroît
ſujet à quelque choſe de ſemblable. Il
eſt tantôt plus vif & tantôt plus mou:

il forme tantôt un plus grand tourbil-
lon de limaille d'acier autour de lui,
& tantôt un moindre : ce qui influe encore sur les aiguilles aimantées, que
les Navigateurs trouvent quelquefois
si paresseuses à la mer, qu'ils n'osent
presque s'y fier, & ne sçavent quel
parti prendre.

Les mêmes Navigateurs observent
une chose qui n'est pas moins singuliere, c'est que les vaisseaux qui ont
leurs voiles déployées, marchent mieux
en général la nuit, que le jour. La
différence en est même assez sensible,
pour avoir été remarquée. Mais quelle
raison peut-on offrir d'un effet si bi-
zarre en apparence ? la voici, ce me
semble. L'humidité de l'air pendant la
nuit mouillant insensiblement les voiles, enfle & grossit les fils, dont les
divers entrelassemens composent leurs
chaînes & leurs trames, & en les gros-
sissant, elle les rapproche les uns des
autres. Par ce moyen, les voiles deviennent plus étanches, & présentent
au vent une surface curviligne dont
toutes les parties sont contiguës. Si
l'on regarde maintenant le vent com-

me un amas de petits filets paralleles,
qui viennent frapper contre la voile,
on verra qu'aucun de ces filets ne doit
se perdre : au lieu que, quand elle est
séche, plusieurs passent au travers, &
ne produisent aucun effet sensible.
Aussi les habiles Navigateurs mouil-
lent-ils souvent leurs voiles, lorsque
le tems est sec : & les Hollandois ont
même pour cela des Pompes portati-
ves & d'un usage très-commode, avec
lesquelles ils rafraîchissent leurs voiles
hautes, les huniers (1) & les perro-
quets.

X I.

Bien des gens demanderont ici, mais
avec plus de faste que de sincérité, plus
de hauteur que de jugement, si une

______

(1) Comme j'ai jugé que ces Pompes à
la Hollandoise pourroient être utiles dans les
grandes Villes, contre les accidens de feu
qui arrivent aux cheminées, j'en ai fait faire
un dessein qui se trouvera à la fin de ce Traité, avec une courte explication des principales pieces dont elles sont composées. Rien
n'est plus simple, ni de moindre dépense que
ces Pompes : rien n'est plus facile que l'usage à quoi je les destine.

Expérience, quelque utile & quelque brillante qu'elle soit, mérite toutes les attentions laborieuses que j'ai exigé qu'on eût pour elle. A cela ma réponse est prête. Il n'y a point d'occupation plus digne d'un homme qui sçait penser, & qui en a le loisir, que la recherche de la vérité. Elle lui offre chaque jour de nouveaux charmes, de nouveaux agrémens, & il ne manque point de trouver dans sa découverte des plaisirs d'autant plus vifs, qu'ils sont plus nobles, plus épurés. C'est l'esprit lui-même qui en juge, & qui les ressent. M. Descartes avoue dans son excellente Méthode, *qu'ayant fait une revûe sur les diverses occupations qu'ont les hommes en cette vie, pour tâcher de faire choix de la meilleure, il pensa qu'il ne pouvoit mieux faire que de continuer celle-là même où il se trouvoit, c'est-à-dire, que d'employer toute sa vie à cultiver sa raison, & s'avancer autant qu'il pourroit en la connoissance de la vérité.* Ce système établi, peut-on se plaindre des peines & des inquiétudes attachées au détail d'une Expérience qui est assez avantageuse pour nous con-

duire à la découverte de quelque vérité ? Quelle satisfaction ne goûte-t-on
pas, quand après une analyse subtile,
une précision scrupuleuse, on a le bonheur de parvenir au but, & d'arracher
à la Nature son secret. Oui, je le sou-
tiendrai hautement, & sans crainte
d'être démenti par les Connoisseurs,
rien n'égale, rien ne peut égaler (1)

(1) Je me flatte de l'avoir pleinement res-
senti, il y a quelques années. M'étant
trouvé dans une Province assez distante de
Paris, je remarquai que le Peuple y ramas-
soit vers la fin de Juin les Féves ou Chrysalides, dans lesquelles se transforment les
Chenilles qui vivent sur la grande ortie,
qu'il leur donnoit le nom de petites vierges,
& que les Curés ou autres Prêtres de la campagne en ornoient soigneusement les autels.
Il est vrai que ces chrysalides ont la plus belle
couleur d'or, & qu'à les regarder avec de
certains yeux, elles offrent ou paroissent offrir tous les traits d'un enfant emmailloté.
Cependant la superstition n'en étoit pas
moins grossiere, & par là même peut-être,
eûs-je une plus grande peine à la faire ces-
ser. Car le Peuple quitte difficilement ses
anciens usages, & une raison pour lui d'y
demeurer, c'est qu'ils sont anciens. J'y réussis
cependant, & cette victoire, toute simple
& toute philosophique qu'elle étoit, me
plût infiniment.

cette satisfaction plus grande que toutes les autres. *Numquam, mehercule, ego neque pecunias istorum, neque tecta magnifica , neque opes , neque imperia , neque eas , quibus maximè adstricti sunt , voluptates in bonis rebus numerandas esse duxi.*

Archiméde sortît autrefois du bain, en criant, *Je l'ai trouvé , je l'ai trouvé.* Il cherchoit depuis long-tems de quelle maniere il découvriroit la fraude d'un Orfévre de Syracuse , à qui Hieron avoit remis une certaine quantité d'or , pour lui en faire une couronne. On soupçonnoit l'Orfévre d'avoir détourné une partie de cet or , & d'y avoir substitué de l'argent, ou, ce qui revient au même , de l'étain mêlé avec du plomb. Mais il falloit l'en convaincre. Archiméde après plusieurs recherches laborieuses , inventa la balance hydrostatique, qu'on a depuis si utilement perfectionnée. Combien de Modernes occupés de spéculations plus sublimes , auroient été par conséquent plus en droit de dire, *Je l'ai trouvé, je l'ai trouvé :* un Galilée , en appliquant le premier le Télescope aux observations célestes,

céleftes, & donnant le vrai fyftême de
l'accélération des corps graves dans leur
chûte; un M. Hughens, en approfondif-
fant la nature de la cycloïde & faifant
voir qu'elle eft deftinée à porter la mefure du tems jufqu'à fa derniere précifion ; un M. Newton, en publiant
fon admirable Traité des Couleurs qui
en eft, pour ainfi dire, l'anatomie; le
même, en développant le calcul des
fluxions que M. Leibnits s'eft depuis
approprié fous le nom de calcul intégral ? Tous ces habiles Philofophes
(l'en paffe fous filence plufieurs autres
moins célébres) ont eu l'adreffe de
concilier heureufement ce que demande la Phyfique : le nouveau & l'utile.
Le nouveau frappe les efprits attentifs ; l'utile fert à faire paffer dans le
commerce de la vie les richeffes litteraires, qui ont été acquifes dans un
cabinet fçavant.

X I I.

Tout ce que j'ai avancé jufqu'ici, ne
regarde proprement que la théorie des
Expériences : refte à appliquer cette

théorie à la pratique ; refte à en faire ufage par rapport aux trois regnes, qui conftituent la nature des chofes, le végétal, le mineral & l'animal. J'y joins l'atmofphérique, celui où fe forment tous les météores. Aucun de ces regnes n'a été épuifé : & quoique notre fiécle foit très-porté à fe flatter, même fur les moindres apparences, on peut foutenir hardiment qu'aucun ne le fera jamais. En effet, les bornes de l'efprit humain font fi étroites, qu'il ne peut faifir le moindre objet, fans le décompofer auparavant. Et que lui arrive-t-il en le décompofant, de n'en voir les parties que les unes après les autres, que les unes féparées des autres, & d'ignorer abfolument leur emboëture naturelle, & ce que les Peintres & les Architectes nomment fi bien le tout-enfemble ? C'eft même faute d'y pouvoir arriver, que prefque toutes les caufes finales nous échappent, ou du moins que nous ne prenons pour caufes finales que ce qu'une imagination, tantôt retrécie par nos befoins, tantôt enflée par notre orgueil, nous force de regarder comme telles.

Il y a plus. Si nous avons aujour-
d'hui l'avantage de nous trouver sur
les bonnes voyes, si nous nous sommes familiarisés avec quelques principes de la bonne Philosophie, avouons-
le sincérement, ce n'a point été sans
peine, sans contradictions, sans nous
être long-tems égarés. Quand après
une longue barbarie, les sciences se re-
nouvellerent de proche en proche, &
se rétablirent dans toute l'Europe, on
crût ne pouvoir mieux faire que de
déterrer les ouvrages des Anciens, de
les orner de gloses & de commentai-
res, de prendre la teinture de leur esprit : on les admira par conséquent, &
sans doute avec trop d'excès. Mais
bientôt s'offrirent des hommes hardis,
& singuliers dans leur maniere de penser, qui soutinrent qu'il falloit les dé-
daigner comme éloignés de toute créan-
ce. On les dédaigna donc sur leur pa-
role, & sans doute avec un pareil excès : on ne respira plus que le nouveau.
Mais que nous donnerent-ils, ces hommes d'ailleurs très-estimables, à la place des Ouvrages des Anciens : des systêmes, des hypothéses, des supposi-

tions arbitraires, des Romans plus in-génieux en apparence que réels au fond. La chofe frappa enfin ceux mêmes qui y étoient le plus intéreffés : ils virent que pour fçavoir arranger des raifon-nemens de caprice fur les principaux effets de la Nature, ils n'en connoif-foient pas mieux la Nature dans fon in-térieur, dans ce qu'elle a de profond & d'enveloppé. Il fallût donc revenir en quelque maniere fur fes pas, & avouer que les Anciens n'avoient point tant de tort qu'on cherchoit à leur en donner ; que s'ils s'étoient mépris en beaucoup de chofes, ils en avoient connu beau-coup d'autres : ce qui eft à peu près la condition des hommes, en quelque fié-cle (1) qu'ils vivent. Une derniere ref-fource fe préfenta, & on la prît : ce fût

(1) Dans le tems où tout retentiffoit de nouvelles obfervations, de découvertes en Médecine & en Phyfique, où chacun vou-loit paffer pour inventeur, on vît un célébre Profeffeur dans l'Univerfité de Bologne, nom-mé Jean Jerôme Sbaraglia, qui fît imprimer deux Lettres pour montrer que les Médecins & les Philofophes de fon fiécle avoient grand tort de fe préférer aux Anciens ; qu'au fond ils fçavoient peu de chofe plus qu'eux, & que

de cultiver la Philosophie Expérimentale, sans s'embarrasser d'aucun systême, de recueillir des faits bien avérés & bien certains, de faire des Expériences en grand nombre, & de les varier de toutes les manieres possibles; enfin, de demeurer convaincu qu'il restera toujours plus de choses à découvrir, que n'en découvriront jamais les génies les plus pénétrans. On croyoit il y a un demi-siécle avoir suffisamment approfondi la Nature, quand on avoit lu la Physique de Rohault, ou celle de Regis, en y ajoûtant de surcroît les Principes de la Philosophie de Descartes. Aujourd'hui, tous ces vastes Recueils qui sont sortis des différentes Académies de l'Europe, ne peuvent passer que pour des preliminaires. Loin de se féliciter en les étudiant, qu'on verra le bout de la Physique, les plus habiles jugent qu'elle n'a point de bout, qu'elle est inépuisable.

ce qu'ils sçavoient, fondé principalement sur une théorie abstraite, ne devoit point les enorgueillir si fort.

XIII.

On appelle Lieux en Géométrie certains espaces déterminés, où peuvent
se construire toutes les courbes, qui,
quoique différentes par la variation de
quelques grandeurs, sont néanmóins
assujetties à la même loi générale. Ne
pourroit-on pas appeller également
Lieux en Physique les quatre regnes,
qui unis ensemble, constituent la nature des choses, & qui renferment
tous les corps que nous connoissons,
malgré les apparences trompeuses qui
les déguisent quelquefois à nos yeux ?
Ces quatre regnes sont le végétal,
le minéral, l'animal & l'atmosphé-
rique, qui à leur tour se subdivisent
en plusieurs classes subalternes. Mais
comme ces subdivisions n'ont été
faites que les unes après les autres,
& souvent même au hazard, il faut
pour les demêler, beaucoup de travail
& de peine : il faut entrer dans un détail prodigieux. Tel qu'il est cependant, on s'y plaît, on s'y attache,
parce que l'instruction ne va guère

fans quelque plaifir, fans quelque a-
grément.

Je fuppofe d'abord qu'un Obfervateur foit inftruit en gros des différentes claffes, qui compofent chaque regne ; qu'il fçache par exemple à quel
genre & à quelle efpece il doit rapporter une plante, un métal, un mar-
caffite, un foffile, un coquillage, un
infecte ; qu'il ait du moins parcouru
les principaux Auteurs qui en ont traité, & fur-tout ceux qui ont examiné
les chofes par eux-mêmes. De cette
connoiffance générale, il defcendra
plus facilement à des connoiffances
particulieres : il verra ce qui a échappé
aux autres, & il le verra d'une maniere utile.

Je fuppofe en fecond lieu que cet
Obfervateur ait une idée claire & di-
ftincte de ce qu'il cherche, de ce qu'il
a envie de trouver. Par exemple, c'eft
un corps très-mince & très-délié dont
il veut découvrir jufqu'aux plus petites parties ; c'eft une graîne, une femence, où il veut démêler les premiers
traits & comme l'efquiffe de la plante,
qui doit dans la fuite croître & végé-

ter ; c'eſt un inſecte dont il veut examiner la trompe , les yeux , les anten-
nes , les petits poils , les tâches diffé-
remment colorées. Pour cet effet, il
aura recours à une forte Loupe : & ſi
elle ne ſuffit point à ſon gré, il prendra un Microſcope , il l'ajuſtera, il s'y
collera , pour ainſi dire. Mais que ce
ſoit avec ſageſſe , prudence & dexté-
rité : car il n'arrive que trop ſouvent
qu'on ſe fait à ſoi-même illuſion, &
qu'on s'imagine voir ce qu'on ne voit
point en effet. Témoin Leuwenhoeck,
qui pour ſe conſerver la réputation
d'avoir les meilleurs Microſcopes, pu-
blioit ſouvent par vanité des obſervations rares & frappantes, mais cap-
tieuſes, qu'on n'a pû vérifier depuis.
Témoin encore M. Joblot, Profeſſeur
Royal en Mathématique, dont l'exactitude n'a point tenu contre l'envie
de trouver dans quelques-unes des in-
fuſions qu'il préparoit , des animaux
ornés d'un maſque à face humaine. Et
à ce ſujet , je remarquerai que Swammerdam s'eſt beaucoup diverti de Goe-
daert & de quelques autres Naturaliſtes, qui ont repréſenté les Féves ou

Chryfalides , par où paffent les Chenilles pour devenir Papillons , avec
des traits fi réguliers , qu'on peut légi-
timement foupçonner ces Auteurs d'a-
voir plus donné à leur imagination ,
qu'à la vérité de l'objet ; d'avoir plus
cherché à plaire qu'à inftruire.

J'avoue que ces erreurs font groffieres : mais il en eft de plus délicates , de
plus fpécieufes , où l'on tombe prefque malgré foi. Les Aftronomes , par
exemple , qui font perfuadés que la
Lune a une atmofphére , & que dans
les Eclipfes Solaires totales , cette atmofphére rompt une partie des rayons
du Soleil & les renvoye vers la terre :
ces Aftronomes , dis-je , voyent des
Phénoménes dont les autres ne fe dou-
tent feulement pas. Dans l'Eclipfe du
Soleil du 3. May 1715. les Aftronomes Atmofphériques virent autour de
la Lune un cercle lumineux de couleur
d'argent , large de la douziéme partie
du diametre de fon difque apparent ,
qui ne parût que dans l'entiere obfcurité & s'effaça dès que la plus petite
partie du Soleil recommença à briller.
Ce Phénoméne fans contredit prouve

M v

une atmosphére autour de la Lune.
Mais les Astronomes qui n'en veulent point admettre, ou ne crurent
point avoir apperçu ce Phénoméne,
ou rapporterent le cercle lumineux au
Soleil, quoiqu'il y eût assez d'apparence qu'il ne lui appartenoit pas. Les
uns & les autres cependant se couvri-
rent de beaucoup d'Expériences qu'ils
disoient avoir faites avec un soin extrême, & qui de la maniere dont ils
les rapportoient, favorisoient mutuellement leur sentiment. Dans beaucoup d'autres Eclipses soit de Venus,
soit de Mars, soit de Jupiter & de ses
Satellites, causées par l'interposition
de la Lune, les Astronomes Atmos-
phériques ont déclaré avoir vû des
Phénoménes, des dégradations de lumiere, des especes d'éclairs, que les
autres Astronomes ont assûré aussi sé-
rieusement n'avoir point vûs. C'est de
la sorte qu'une opinion ingénieuse &
de quelque éclat dans les sciences,
trompe les plus habiles.

Quelquefois un Observateur n'a besoin que de connoître les qualités extérieures du corps qui lui est présenté,

que de faifir un certain je ne fçai quoi
qui lui eft propre : & alors fes yeux,
fes mains, l'odeur, le goût, le toucher, lui fuffifent. On m'apporte différentes fortes d'huiles, effentielles &
non effentielles : je verfe deffus de l'efprit de nitre, pour voir quel effet il en
réfultera. Les unes, comme l'huile de
Carvi, de Saffafras, de Gayac, prennent feu avec grand bruit & explofion:
les autres, comme l'huile de Cumin,
d'Anis, de Geniévre, font feulement
du bruit, mais fans explofion, fans
prendre feu : les autres enfin, comme
l'huile d'Amande, d'Olive, de Lin,
reftent tranquilles & ne produifent ni
explofion, ni bruit, ni effervefcence.
Je m'afsûre bien de tous ces faits, de
leurs rapports, de leurs variétés : j'y
appelle des témoins. Je trouve encore
que l'efprit de vin & l'efprit de nitre
mêlés enfemble donnent quelques étin-
celles de feu, & que le même efprit
de nitre & le baume de fouffre compofé d'huile de terebentine & de fouffre
purifié, s'il n'eft point trop épais,
s'enflamme d'abord. Je compare enfuite la poudre à canon avec ces fortes

de mélanges, & j'y trouve deux différences essentielles. La premiere, c'est
que la poudre est composée de matieres combustibles par elles-mêmes, au
lieu que des deux liqueurs mêlées ensemble, l'une est très-difficile à faire
brûler & l'autre éteint le feu ordinaire :
la seconde, c'est que la poudre demande à être allumée, au lieu que ces deux
liqueurs, quoique froides & non agi-
tées, s'entr'allument l'une l'autre.

De la même maniere, je veux sçavoir si un corps est sonore, si un autre
est électrique. Guidé par l'amour de la
vérité, & crainte de méprise, je cherche d'abord en quoi consistent ces deux
qualités. Le son, me répondent les
Philosophes, dépend, non du mouvement total qu'on donne à un corps,
mais du frémissement & de l'agitation
que reçoivent ses plus petites parties.
Mises en ressort, elles doivent heur-
ter les unes contre les autres, & en
heurtant, s'ébranler, se mouvoir plus
ou moins vîte. Sur cela, j'examine le
corps que j'ai entre les mains : je vois
s'il rend quelque son, & si ce son est
grave ou aigu, c'est-à-dire, si dans le

même efpace de tems il fait un plus petit ou un plus grand nombre de vibrations: enfin, je termine mon Expérience, qui n'eft autre chofe qu'une obfervation fuivie des différens principes de la Méchanique appliqués aux cas particuliers, & développés avec foin.

Pour ce qui regarde la force électrique il y a fur fon fujet deux remarques à faire. L'une, qu'elle eft différente de la force attractive ou de la gravitation, qui agit proportionnellement à la quantité de matiere que renferme chaque corps, enforte que le Soleil centre de toutes les Planétes, les attire toutes en raifon directe des maffes, & en raifon inverfe doublée des éloignemens. L'autre, que cette force électrique qui agit quelquefois à une très-grande diftance, a befoin pour fe montrer dans les corps où elle réfide, & que ces corps éprouvent un rude frottement, & qu'on les ait long-tems échauffés, du moins avec la main : ce qui n'eft point néceffaire pour la gravitation, qui ne ceffe jamais & ne peut ceffer d'agir. Au refte, le nombre des corps électriques est prodigieux. Il comprend toutes les résines molles qu'on tire des végétaux, tous les bitumes qu'on tire des fossiles, toutes les pierres dures & transparentes, toutes les especes de verres, toutes les matieres soyeuses, les crins, les poils, les cheveux de quelque animal que ce soit, enfin les plumes & le duvet des oiseaux. C'est ce qui a fait distinguer deux sortes d'électricité, la vitrée & la résineuse, dont la premiere est infiniment supérieure à l'autre.

XIV.

Mais ce qu'un Observateur a le plus souvent intérêt de connoître, c'est la structure organique des corps, c'est leur méchanisme secret & dont les yeux ne peuvent être juges. Pour cela, il doit tâcher de réduire ces corps en leurs parties élémentaires, intégrantes, & comme la chose est communément impossible, en des parties aussi petites que l'Art le souffre & le permet. Différens moyens y sont propres, & les Physiciens les employent tour à tour, ſuivant l'occaſion & les beſoins particuliers.

Il y a des corps qu'il faut briſer ſous le marteau, ou triturer entre deux meules, ou même légérement concaſſer : ſans quoi, l'on ne pourroit appercevoir la compoſition de leurs parties intérieures, ni la diſpoſition de leurs fibres. Tels ſont à peu près tous les métaux & minéraux, deſquels on peut dire avec vérité qu'il n'y en a que deux qui ayent été examinés avec l'attention requiſe, mais non encore épuiſés; ſçavoir, le fer par M. de Reaumur, & l'antimoine par feu M. Lemery. Ce dernier fut d'abord un jeune Artiſte dont ſe ſervoient Meſſieurs Lamy, de Sainctyon & de Farcy, Docteurs en Médecine, pour exécuter les Expériences de Chymie qu'ils avoient imaginées. Ils firent même alors imprimer ſous ſon nom un cours de ces Expériences, dont les éditions groſſies & multipliées ſont fort au-deſſous de la premiere.

Il y a d'autres corps qui, ſans exiger une plus longue préparation, ſe réſolvent à l'humidité de l'air, ou du moins à l'humidité d'une cave. Tels font tous les fels, qui non-feulement different entr'eux par l'impreſſion qu'en reçoit la langue, mais encore qui affectent chacun en particulier, une figure propre & qui ne change jamais. C'eſt l'ouvrage d'une main intelligente de les démêler. Le détail de toutes ces figures feroit fort curieux à rapporter: mais il me meneroit trop loin.

Il y a d'autres corps dont les parties ne ſe développent que par la putrefaction, comme les graînes & les femences qu'on met en terre; ou par la digeſtion, comme pluſieurs fortes d'écorces & de racines qu'on laiſſe tremper dans l'eau, afin de difpoſer leurs parties huileuſes à ſe détacher; ou par la fermentation, comme les chairs des animaux, leurs dépouilles, leurs excrémens, qui abondent en fels alkali volatils, & encore comme le moût ou le fuc des raiſins mûrs qui produit le vin, & autant de différens vins qu'on permet aux parties fpiritueuſes de nager dans une plus grande, ou dans une plus petite quantité de flegme. Je ne parle point des li-

queurs vineuſes qui ſe font de fruits ,
de fleurs , de ſemences, de grains fer-
mentés dans l'eau , & dont on peut
tirer des eſprits ardens & inflamma-
bles ainſi qu'on en tire du vin même.

Il y a d'autres corps qu'il faut néceſſairement brûler , pour diſcerner les
pétrifications de diverſes parties d'animaux , comme les dents du poiſſon
Carcharias ou de celui qui eſt appellé
Piſcis Aquila , des pierres qui ont leurs
mines propres. Boccone dans ſes *Recherches & Obſervations naturelles* , donne ſur cela une régle qui décide : c'eſt
que toute pétrification provenue de
bois , de chair ou d'os d'animaux, étant
brûlée , ſe tourne en charbon avant
que de ſe convertir en chaux & en cendres , au lieu que les pétrifications
proprement dites paſſent auſſi-tôt en
chaux , & non en charbon. D'ailleurs ,
les dépouilles des animaux pétrifiées
ont naturellement un beau poli : tout
au contraire, on n'a jamais vû aucune
pierre , ſoit commune, ſoit précieuſe ,
qui ne fût groſſiérement figurée en ſor-
tant de la mine , & qui pour être tail-

lée, n'eût befoin de la main d'un Ouvrier habile.

Il y a d'autres corps enfin dont le tiffu eft plus ferré, dont les parties font jointes plus étroitement les unes aux autres, & à qui il faut par une fuite naturelle des menftrues, des diffolvans plus actifs : tels que des eaux fortes, des eaux aiguifées par des fels, des efprits acides, des huiles éthérées. Mais comme de tous les diffolvans le feu eft celui qui a le plus d'activité, & qui réfout les mixtes en moins de tems, c'eft auffi par le fecours du feu que les Chymiftes achevent toutes leurs opérations ; qu'ils décompofent & divifent les corps ; qu'ils en tirent des efprits, des effences, des fels, des fouffres, des huiles. Une chofe feulement qu'on pourroit reprendre dans ces extraits, & qu'on y a fouvent reprife, c'eft la difficulté de les avoir purs & fans aucun mélange, fans aucune addition de parties ignées. Elles altérent néceffairement tout ce qu'elles touchent, foit en ouvrant trop les premiers principes, foit en s'y incorporant, foit même en les faifant changer de nature, par exemple, en donnant aux fels Alkali la forme & les propriétés des fels acides, ou en formant un fel moyen qui ne donne plus de marques ni d'acide, ni d'Alkali.

Suppofé pourtant qu'on ait tiré des végétaux & des animaux, avec toutes les précautions que la finelle de l'art demande, des extraits aulli purs qu'il eft permis de les fouhaiter, il faut un nouvel art pour les fçavoir conferver dans le même état. On voit des huiles éthérées, comme celle de Térébenthine, qui font d'abord très-claires & très-limpides, mais qui s'épaifilfent en peu de tems & deviennent tenaces, à moins qu'on ne les renferme dans des phioles bouchées hermétiquement. La plûpart des fels volatils que rendent les parties animales, rongent les vailfeaux qui les contiennent, & s'échappent au travers de leurs pores, à moins que ces vailfeaux ne foient d'un verre très-épais. Mais ce que rapporte le fameux Rédi eft bien plus fingulier; fçavoir, que pour conferver en Italie l'eau fpiritueufe de Canelle, il faut la laiffer dans les matras & les cucurbites où elle a été distillée : au lieu qu'en la versant dans des phioles de cryftal, elle s'y trouble & blanchit en peu d'heures, comme du lait ; elle jaunit enfuite, & prend un goût d'amandes amères. Le même Rédi ajoûte qu'on fait cependant à Rome & à Venife des phioles, où l'eau de Canelle ne fe trouble & ne blanchit qu'au bout de deux ou trois jours : mais jamais elle n'y jaunit, jamais elle n'y prend aucun goût defagréable. Toutes ces variétés font affez bizarres, pour avoir mérité d'être curieufement remarquées.

En France, il fe trouve auffi des bouteilles de verre où le vin ne fçauroit féjourner, fans y acquérir une qualité malfaifante, fans changer de couleur. Deux Phyficiens de l'Académie Royale des Sciences, ayant examiné d'où pouvoit venir ce défaut, l'ont reconnu après plufieurs effais chymiques : & ils ont établi pour régle certaine, que tout verre diffoluble par des acides n'eft pas propre à faire des bouteilles, où l'on veut mettre du vin. Un de ces Phyficiens a encore été plus loin, & il a obſervé que, quelque ſable qu'on emploie, il faut des cendres de branches vertes bien ſéchées, pour avoir du verre à l'épreuve de l'acidité du vin, en convenant même de la foibleſſe de cette acidité. C'eſt ainſi que les Arts gagnent, & gagneront toujours, à paſſer par les mains des Philoſophes habiles.

X V.

Comme l'étude des Mathématiques eſt aujourd'hui généralement approuvée, & que chacun ſçait qu'elles prêtent une vive lumiere à ceux qui empruntent leur ſecours, je crois qu'un Phyſicien doit travailler à ſe procurer quelque étincelle de cette lumiere, ſurtout ſi dédaignant le foible mérite de ſuivre les autres, il veut ſe mettre au rang des Inventeurs. J'avoue que les doutes & les conjectures dont la Phyſique eſt pleine, ne s'accorde pas aiſément avec la certitude qui eſt propre aux Mathématiques, & dont elles ſe glorifient : mais en établiſſant certaines conditions avouées par des Expérien-

ces sûres, & les modifiant d'une maniere ingénieuſe, on peut parvenir à
concilier ce qui ſemble avoir une répugnance invincible. Je dis bien ce
qui ſemble avoir : car au fond rien ne
répugne que le vrai-ſemblable donné
pour vrai, au lieu que donné pour ce
qu'il eſt, pour vrai-ſemblable, on ne
s'en offenſe point, on le reçoit avec
reconnoiſſance.

Telle a été la méthode que les plus
forts génies du dernier ſiécle ont em-
ployée, pour réſoudre tous ces beaux
Problêmes connus ſous le nom de
Phyſico-Mathématiques, où brille la
plus ſublime Géométrie. Comme il
faudroit un trop grand appareil de
ſçience, ſi je voulois rappeller tous
ces Problêmes & les accompagner
de leurs équations mi-parties de calcul différentiel & de calcul intégral,
voici ſeulement pour montre, l'énon-
cé de deux ou trois des principaux.

PREMIER PROBLEME.

Il s'agit de trouver un ſolide, lequel
étant mu dans un fluide en repos, ou

dans un fluide mu lui-même uniformément, rencontre moins de réfiftance que tout autre folide de même grof-
feur & de même hauteur. Trouver ce
folide , c'eft déterminer fa furface ;
c'eft chercher la courbe qui la décrit
par fa révolution autour de fon axe. Il
naît de là une condition effentielle au
Problême , c'eft que le folide doit fe
mouvoir parallélement à cet axe dans
le fluide immobile , ou uniformément
mu. On voit bien que la figure de ce
folide une fois trouvée, on connoît la
figure qu'il faut donner à la partie de
la proue d'un navire qui doit être dans
l'eau , afin qu'il éprouve la moindre
réfiftance poffible. Et comme la courbe qui forme la furface de ce folide ,
eft à peu près une parabole, il eft néceffaire que l'avant des navires taillés ,
& qu'on cherche à rendre bons voi-
liers , foit à peu près parabolique.
C'eft là auffi ce que les Conftructeurs
tâchent de faire autant que leur indu-
ftrie leur en procure les moyens : &
ils fe contentent de donner des fur-
faces rondes ou circulaires aux proues
des flûtes & des autres vaiffeaux de

tranſport, parce que le commerce é-
tant leur principal objet, plus on y
charge de munitions & de marchandi-
ſes, plus leur deſtination eſt remplie.

En décrivant la courbe, qui par ſa
révolution donne la ſurface du ſolide
de moindre réſiſtance, ſi l'on conſidére attentivement ſes principales affections, on s'appercevra qu'en fai-
ſant une petite ligne inconnue égale à
une autre connue, on aura un point
de rebrouſſement : d'où le célébre Marquis de l'Hôpital concluoit (1) que ce
ſolide pouvoit être convexe, ou con-

(1) La plûpart des Géométres qui ont traité de la Marine, l'ont fait plus curieuſement
pour leur réputation, qu'utilement pour une
ſcience dont ils ne connoiſſoient ni le principal, ni l'acceſſoire. En effet, ils ont tous
raiſonné ſur des ſuppoſitions arbitraires &
très-éloignées de la vérité : & quoiqu'on ſou-
tienne que les erreurs de ſuppoſitions connues ne ſont point erreurs en Géométrie,
je demande à quoi peuvent ſervir des connoiſſances acquiſes de cette maniere, ſi ce
n'eſt pour l'oſtentation. Par exemple, M. de
Bernoulli, dans ſon Eſſai d'une nouvelle Théorie de la manœuvre des vaiſſeaux, ſuppoſe
ce qui ne fût & ne ſera jamais : des navires
qui ont la figure de parallelogrammes ou de
cave,

cave, ou en partie convexe & en partie concave. Mais j'oserai le dire : cette espece de corollaire avoit besoin d'être traitée d'une maniere plus distincte, d'être éclaircie non-seulement par le calcul, mais encore par des Expériences réitérées. Car si l'on prend une sphere creuse & qu'on la divise en deux parties égales, si l'on présente ensuite ces deux parties, l'une par sa surface convexe, & l'autre par sa surface concave, à un fluide qui les vienne frapper avec une vîtesse pareille & uniforme, on observera que l'hémisphere concave se mouvra plus

rectangles oblongs ; des voiles plattes, quoique d'une matiere flexible & continuellement enflées par le vent ; le vent lui-même rencontrant le navire, non comme fuyant devant lui, quoique réellement il fuye, mais comme étant en repos ; l'angle de la dérive, ou l'angle que fait la route avec la quille, négligé ou pris pour zero, &c. Tout cela, dit-on, est ménagé adroitement, afin d'empêcher qu'on ne tombe dans des intégrations souvent impossibles, toujours difficiles. Mais qu'importe à la Marine qu'on évite ces intégrations, si tout bien compensé, il n'en résulte rien qui lui soit utile, rien même qui soit conforme au vrai.

N

lentement que l'hémisphere convexe, & par conséquent qu'elle fera plus de résistance. On peut dire la même chose de tous les autres solides formés par la révolution d'une ellipse, d'une parabole, d'une hyperbole.

SECOND PROBLEME.

On suppose une chaîne très-flexible & incapable d'extension, qui ait ses deux extrémités attachées à deux cloux fixes, & posés dans la même ligne horizontale. On suppose ensuite que cette chaîne est tirée dans tous ses points par une infinité de puissances égales, qui agissent toutes suivant une direction perpendiculaire, & parallelement les unes aux autres. Cela étant, on demande quelle est la courbe que décrit cette chaîne, quelles sont ses propriétés, quelle est l'équation qui les exprime. Le Problême, comme on voit, digne d'exercer les plus forts Géométres, n'a dû sa résolution qu'aux nouvelles méthodes, qu'au calcul infinitésimal. Il est aujourd'hui fameux sous le nom de la Chaînette. Les mêmes Géométres en ont fait usage, pour trouver la nature de quelques autres courbes ou semblables , ou très-approchantes, par exemple, de la voiliere, du linge mouillé : tout cela en suppofant , 1°. que la direction du fluide qui agit, eft par-tout perpendiculaire à la courbe ou à la matiere flexible , qu'il enfle & dilate en forme de courbe ; 2°. en déterminant la loi de cette dilatation , tant par la nature du fluide, que par celle de fon action qui dépend de la fomme de toutes les forces élémentaires dont elle eft compofée , & qu'on peut regarder chacune comme étant infiniment petite.

Quelque fublimes cependant que foient ces réfolutions, il faut convenir que la théorie en eft plus ornée, que la pratique n'en a été éclairée jufqu'ici. Et c'eft là le reproche qu'on fait à la plûpart des découvertes modernes en Géométrie. Mais il eft certain que fi ces découvertes font inutiles, elles donnent du moins à l'efprit plus de force, plus de pénétration , plus d'étendue ; & elles font fentir combien il importe à un être doué de raifon (*Lex eft Ratio fumma , infita in naturâ, quæ jubet ea quæ facienda sunt prohibetque contraria*) de penser juste sur toute sorte de matiere, & d'agir en conséquence.

TROISIEME PROBLEME.

Supposé un corps mû par sa seule pesanteur, & dans un milieu qui n'ait point de résistance, supposé encore que ce corps tombe obliquement à l'horizon avec une vîtesse uniforme, on demande quelle est la ligne qu'il doit décrire pour tomber & le plus vîte & en moins de tems qu'il soit possible. On croiroit au premier abord que ce Problême ne contient aucune difficulté, & que le corps mû devroit décrire une ligne droite, puisque c'est la plus courte qu'on peut mener d'un point donné à l'autre. Mais on se tromperoit fort, en décidant ainsi : car la ligne est une courbe, & une courbe que les Géométres ont nommé cycloïde. L'usage qu'en a fait M. Hughens pour donner une entiere justesse aux Horloges, l'a rendu très-célébre : & la peine que plusieurs autres Mathématiciens ont prise de l'examiner, lui a fait trouver mille propriétés singulieres, dont celle de la plus prompte descente n'est pas une des moindres. J'ajoûterai seulement qu'une courbe étant une fois tracée, pour satisfaire à de certaines conditions d'un Problême, elle peut ensuite se changer en différentes autres courbes, à mesure qu'on apporte de nouveaux changemens dans les conditions.

XVI.

En finissant ce Traité, qui renferme les principes généraux de l'Art de faire des Expériences, je répéterai une chose que je crois cependant avoir assez bien établie : c'est que, quelques divisions & quelques subdivisions qu'on fasse des corps, jamais on ne doit se flatter de parvenir à une derniere qui donne leurs parties intégrantes, ou leurs parties déterminées à être ce qu'elles sont (1) depuis l'ori

(1) Les parties intégrantes qui forment les corps, telles que je les conçois, sont des parties parfaitement solides, sans pores,

gine de la terre. De même, quelques compositions & quelques revivifications que l'Art puisse faire, jamais il ne parviendra à former la moindre partie intégrante, qu'on doit regarder comme étant plus petite que toute grandeur connue : ce qui est l'inverse de la premiere proposition. En effet, tout ce que l'Art produit, il le produit d'une maniere brusque, gênée, défectueuse ; au lieu que la Nature agit avec autant de finesse que de lenteur, faisant passer tous ses ouvrages par une infinité d'accroissemens successifs, depuis leur origine jusqu'à leur entiere perfection : ce que Monsieur Leibnits

qu'aucun effort humain ne peut ni briser ni attenuer. Elles ont beau glisser, se frotter les unes contre les autres, se mouvoir d'une infinité de manieres différentes, jamais elles ne changent de nature : & quand il arrive que par cette force secrette qui se nomme *cohésion*, elles s'unissent & se lient ensemble, elles forment toujours les mêmes corps, qui ont pourtant, & qui en effet doivent avoir leurs variétés particulieres. A l'égard de ces corps, loin de nous donner une idée distincte de la matiere, de nous apprendre si elle est finie ou infinie, créée ou incréée, ils ne font que nous repréfenter certaines affections qui lui sont propres.

appelloit *la Loi de continuité* (I).

Cela posé, il me semble qu'on doit
regarder avec une sorte de dédain, les
Philosophes qui aimant à parler im-
périeusement de tout , s'imaginent
connoître la nature des corps, parce
qu'ils connoiſſent un petit nombre de
corps , non point encore en eux-mêmes , mais ſuivant quelques propriétés dont ils ſont revêtus : comme ſi
l'Expérience qui leur a fait remarquer
celles-là , les obligeoit à prononcer
dogmatiquement l'excluſion de toute

---

(1) On peut voir les Principes généraux
de la Philoſophie de M. Leibnits , dans les
Inſtitutions de Phyſique, où ils ſont expoſés
en beau. On les a dépouillés de je ne ſçai quel
air peu ſérieux , que les Anglois ſur-tout y
ont trouvé. Senſés comme ils ſont , que pou-
voient-ils penſer autre choſe des Monades ,
de ces Principes de vie , de ces Miroirs vivans ou doués d'action interne , repréſenta-
tifs de l'Univers , chacun ſuivant ſon point
de vûe, chacun auſſi réglé que l'Univers même ? Sont-ce là des idées Philoſophiques ?
L'eſprit en eſt-il plus éclairé? Que devient la
fameuſe régle de Deſcartes, *de ne comprendre*
rien de plus en ſes jugemens , que ce qui ſe
préſente ſi clairement & ſi diſtinctement à
l'entendement , qu'on n'eût aucune occaſion de
le mettre en doute.

N iv

autre, & encore, comme s'ils avoient
une mesure certaine pour juger de l'intérieur de la matiere & de sa capacité,
lorsqu'à peine ils en voyent les dehors
& la superficie. Ces Philosophes par-
leroient bien autrement, s'ils sçavoient
que ce qui appartient à l'intelligence
& à la sagesse du Créateur, est encore
plus au-dessus de notre foible portée,
que ce qui appartient à sa puissance.

On doit traiter avec le même dédain, ceux qui à la maniere de Pytha-
gore & de Platon, s'efforcent d'introduire des idées abstraites & métaphysi-
ques dans l'étude des choses naturelles. Effectivement, il ne s'agit point
en Physique de supposer aux corps des
figures & des propriétés imaginaires,
pour avoir ensuite le triste plaisir de
comparer ces corps les uns avec les
autres. La raison veut seulement qu'on
leur attribue toutes les propriétés réelles, qui s'ajustent & se lient aux Phénoménes qu'ils nous présentent, pourvû cependant qu'on n'y apperçoive
aucune répugnance ni aucune contra-
diction. Ce seroit véritablement y tomber, que de trop s'appuyer sur la rai-

son des causes finales, & de la faire
valoir au-dessus de toutes les autres.
Ce seroit encore plus y tomber, que
de soutenir que la Nature agit toujours par les voyes les plus simples,
& d'une maniere uniforme. Sçait-on
quelle est cette maniere ? quelles sont
ces voyes ? Quoi de plus hardi que de
décider sur un pareil sujet ! Notre ignorance nous fait attribuer à la Nature
telle simplicité ou telle uniformité,
qui après tout sont incompatibles avec
des qualités préférables, ou des conditions plus essentielles.

EXPLICATION
des deux Planches suivantes.

ON voit dans la premiere une Pompe garnie, & en état d'agir. Elle confiste en deux branches *A* & *B*, lesquelles sont liées ensemble par des couplets de fer *b b*, *c c*, & forment un angle d'environ trente degrés. Ces branches sont de bois d'orme & creuses en dedans, avec cette différence que le diametre intérieur de la branche *A* est double du diametre intérieur de la branche *B* : & depuis leur jonction, toutes les deux diminuent proportionnellement. Le piston *D*, ou comme on l'appelle dans la Marine, la gaule *D* s'ajuste exactement au canal creusé dans la branche *A*, qui est fermée par son bout inférieur & qui a plusieurs trous *i i i*, au-dessus. C'est par ces trous que l'eau s'insinue dans la branche *A*, & qu'elle s'y éléve à mesure qu'on en retire le piston *D*, lequel repoussant à son tour l'eau ainsi montée, l'oblige de sortir par la branche *B*.

Les filets *x x x* servent à donner plus de prise à la main de celui qui tient la Pompe. Un homme seul avec quelque adresse, la peut manier & faire mouvoir.

La seconde Planche montre l'usage de cette Pompe, pour éteindre le feu allumé dans une cheminée. Elle peut servir à beaucoup d'autres usages domestiques : le tems & le lieu ne manqueront pas de les indiquer.

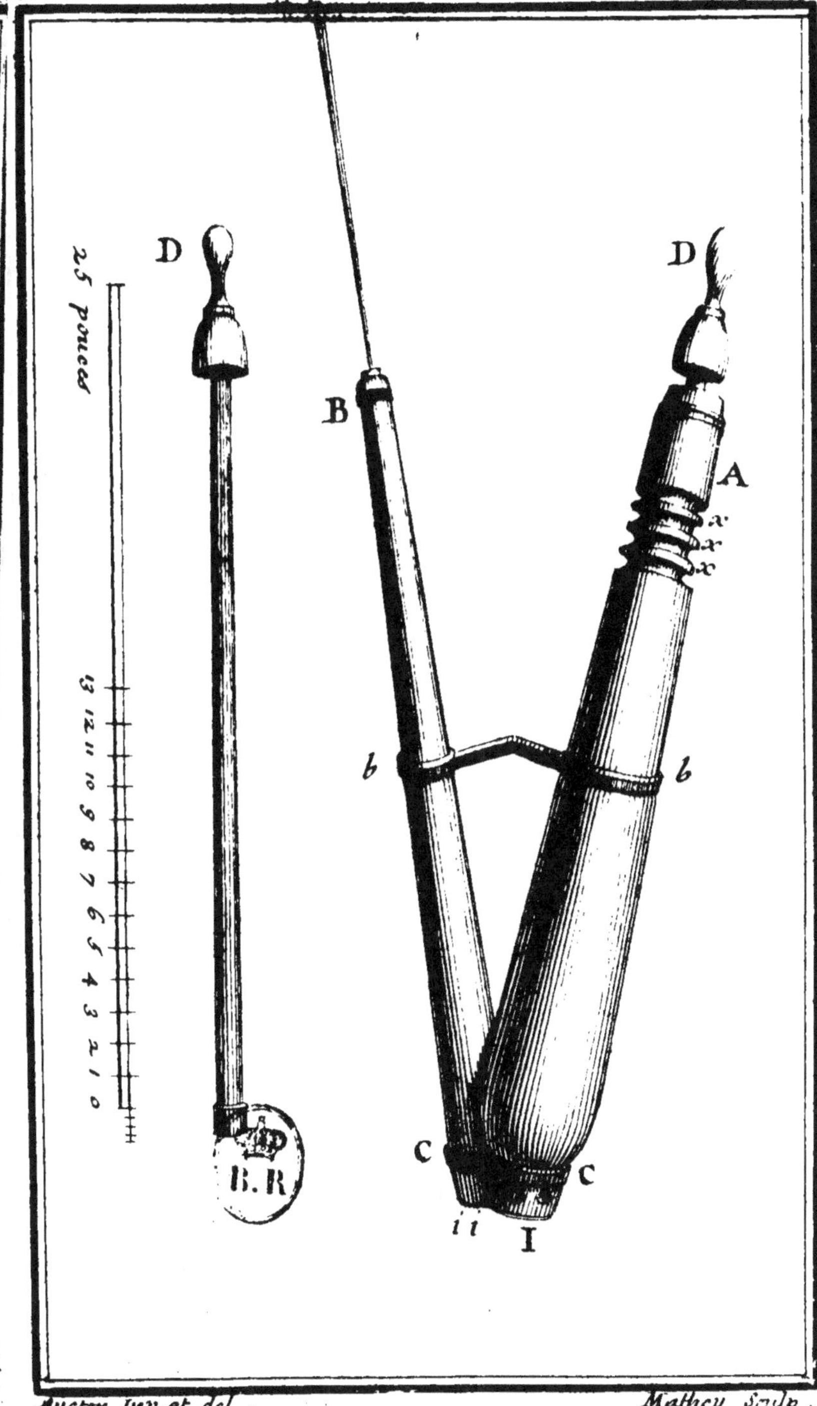

Auctor Inv. et del. Mathey Sculp.

Auctor Inv. et del.

Mathey Sculp.

SUR LES DISGRACES

qu'essuya Galilée, pour avoir soutenu que le Soleil est placé dans le centre ou foyer commun de notre Monde Planétaire, & que la Terre tourne autour de lui.

*Omnes nunc Astronomi, nisi vel
tardiore fuerint ingenio, vel homi-
num imperio obnoxiam habeant cre-
dulitatem, motum telluri locumque
inter Planetas absque dubitatione
decernunt.*

Hughen. in Cosmotheoro.

TRAITÉ

Sur les difgraces qu'effuya Galilée, pour avoir foutenu que le Soleil eft placé dans le centre ou foyer commun de notre Monde Planétaire, & que la Terre tourne autour de lui.

LETTRE A M***.

J'Ai lû avec beaucoup de plaifir, mon cher Monfieur, la vie (1) de

(1) Le Pere Bougerel, Prêtre de l'Oratoire, eft Auteur de cette Vie, & il l'a détachée de l'Hiftoire des Hommes Illuftres de Provence qu'il doit donner au Public. Il a paru une Lettre Critique qui releve beaucoup de fautes échappées au Pere Bougerel : mais ce font des fautes peu importantes, ou qui dépendent de certaines Anecdotes qui avoient été tenues fecrettes.

Aliter non fit, Avite, Liber.

Pierre Gassendi, que j'ai l'honneur de vous renvoyer. Cette Vie donne une idée avantageuse des talens, des mœurs, des connoissances étendues de cet illustre Philosophe. Il y a cependant des traits qui ne lui font point honneur, & qu'on auroit dû supprimer : par exemple, la foiblesse qu'il eût de céder pour huit mille livres l'Agence du Clergé à laquelle il avoit été nommé par la Province Ecclésiastique d'Ambrun. Gassendi devoit soutenir son droit, ou y renoncer noblement.

Je ne sçaurois aussi approuver la crédule complaisance qu'il témoigna pour le Comte d'Alais, Gouverneur de Provence, & l'explication peu sensée qu'il donna du prétendu Spectre qui pendant plusieurs nuits avoit effrayé ce Comte, d'ailleurs homme d'esprit. En vérité, Monsieur, un Philosophe devoit se respecter davantage, & ne point risquer une explication, sans s'être auparavant bien assuré du fait. Car quel ridicule n'est-ce point de chercher la cause de ce qui ne fût jamais, & de s'imaginer l'avoir trouvée ? Sur cela, je citerai volontiers la réflexion suivante tirée de l'Histoire des Oracles. *Je ne suis pas*, dit M. de Fontenelle, *si convaincu de notre ignorance par les choses qui sont & dont la raison nous est inconnue, que par celles qui ne sont point & dont nous trouvons la raison.* Le judicieux Plutarque avoit dit quelque chose de semblable dans l'Ouvrage qui a pour titre : *Du Démon ou de l'Esprit familier de Socrate.* Il s'y moque avec finesse de ceux qui recherchent puérilement les causes de plusieurs effets naturels, sans avoir auparavant vérifié si ces effets sont tels qu'on les répand dans un certain public, qui est d'ordinaire très-crédule & très-superstitieux.

Mais je laisse là toutes ces discussions critiques, de peur que vous ne m'accusiez de vouloir ternir la réputation de Gassendi, & je viens à un article de sa vie qui me paroît avoir piqué votre curiosité. C'est le recit de l'emprisonnement de Galilée, & des mauvais traitemens que lui fit essuyer le trop redoutable Tribunal de l'Inquisition, sous le Pontificat d'Urbain VIII. Aucun morceau d'histoire ne fait mieux sentir combien l'ignorance est dangereuse & cruelle, sur-tout quand elle se couvre du voile de la Religion. Mais comme ce recit est tronqué dans la nouvelle Vie de Gassendi, je crois, Monsieur, vous faire plaisir en le rétablissant dans toutes ses circonstances. Vous y verrez avec quelle lenteur se perfectionnent les sciences exactes, & combien il est encore surprenant qu'elles se perfectionnent.

En 1611. le Pere Christophle Scheïner, Jesuite, observa le premier à Ingolstadt les tâches du Soleil dans le courant du mois de Mai. Il fit sur le champ part de cette observation au Pere Theodore Busée, son Provincial, qui lui répondit séchement qu'il avoit lû deux fois tous les Ouvrages d'Aristote & qu'il n'y avoit rien trouvé sur ces prétendues tâches du Soleil; qu'apparemment c'étoit une vaine imagination qui lui avoit passé par l'esprit, & qui peut-être même provenoit de quelques rayes ou de quelques soufflures qui ternissoient les verres de son Télescope; que par conséquent il lui enjoignoit de supprimer cette observation & comme inutile, & plus encore comme opposée à la doctrine infail-lible d'Aristote.

Cependant le Pere Busée se trouvant peu après avec Marc Welser, Sena-teur d'Ausbourg, lui parla de l'obser-vation de Scheiner, mais avec beau-coup de dédain. Welser, quoiqu'il ne se piquât point d'Astronomie, reçût avidement la confidence qu'on lui fai-soit : & quelque tems après, il publia un Ecrit sous le titre d'*Apelles post Ta-bulam*, dans lequel il annonçoit le nouveau Phénoméne des tâches du So-leil. Les Sçavans en furent d'autant plus surpris, que Welser passoit pour un Jurisconsulte & un Critique éclai-ré, & nullement pour un Astronome & un Observateur habile. On s'éton-noit comment une pareille découverte s'étoit présentée à un homme qui ne connoissoit presque le ciel que de vûe, & comment elle avoit échappé à tant d'autres Astronomes qui l'étudioient soigneusement. Il y en avoit un cepen-dant, nommé Jean Fabricius, qui pa-roissoit avoir eu quelque connoissance de ces fameuses tâches du Soleil, &

qui en avoit parlé dans un Ouvrage imprimé à Wirtemberg avant l'année 1611.

Quoi qu'il en foit, le Pere Scheïner fouffrît impatiemment l'*Apelles poft Tabulam*, & fe déclara l'Auteur de la découverte que s'attribuoit Welfer. Lui de fon côté, affez riche de fes propres Ouvrages, ne contefta point, & badina même fur la petite fupercherie qu'il avoit faite à Scheïner. Alors parût fa *Rofa Urfina*, Ouvrage très-curieux, fingulier même, & où parmi beaucoup d'autres obfervations, il donnoit toute la théorie des tâches du Soleil (1).

(1) Ces tâches font des corps opaques, qui fe meuvent prefque continuellement, d'une figure irréguliere & changeante. Les unes tiennent au globe du Soleil : les autres en font très-voifines, & paroiffent enveloppées d'une légére atmofphere. Jean Hevelius, dans fa Cométographie, nomme ces dernieres *nucleos*, des noyaux. Elles démontrent manifeftement que le Soleil tourne fur fon axe, tantôt en 27. tantôt en 28. jours. Quand ces tâches font vers les bords du Soleil, leur mouvement eft plus lent : au lieu que vers le centre de fon difque, elles augmentent de grandeur & leur mouvement eft plus rapide.

Il sembloit que l'aventure malheu-reuse de Welser auroit dû faire taire tous les Contradicteurs du Jesuite As-tronome. Mais ayant passé vers ce tems-là en Italie, Scheïner y en trou-va un qui n'eût pour lui aucuns égards. C'étoit le fameux Galilée, homme d'un génie neuf & inventif, mais qui non content d'avoir fait beaucoup de dé-couvertes dans les sciences exactes, sur-tout dans l'Astronomie & les Mé-chaniques, s'attribuoit encore volon-tiers (1) celles d'autrui. Galilée se van-ta hautement d'avoir le premier obser-vé les tâches du Soleil, tant à Padoue qu'à Venise, & d'y en avoir parlé à plusieurs personnes que cependant il ne nommoit point. *Fù il primo scropti-tore*, disoit-il de lui-même sous un nom emprunté, *& osservatore delle macchie solari, si come di tutte l'altre novità ce-*

(1) Le tort que Galilée avoit fait au Pere Scheïner, lui fût rendu dans la suite par M. Hughens qui s'attribua l'invention du Pendule simple, quoiqu'il fût certain que Galilée l'eût employé dans ses Observations Astronomiques avant l'année 1639, & que son fils Vincent Galilée l'eût appliqué aux Horloges.

lesti, è queste scopers'egli l'anno 1610.
&c. Scheiner qui se voyoit encore
plus vivement attaqué en Italie qu'en
Allemagne, ne pût se contenir, &
en appella à tous les Tribunaux Litteraires. Mais Galilée qui fit alors paroître ses quatre Dialogues, *Dove ne i*
congressi di quattro giornato si discorre so-
pra i due massimi sistemi del mondo, Tole-
maïco è Copernicano, &c. traita le Jesuite avec le dernier mépris, & parla
même de lui comme d'un visionnai-
re, qui supposoit des Expériences
& des Observations pour les ajuster
ensuite à ses idées. *Quest'huomo,* dit-il,
si và di mano in mano figurando le cose,
qua li bisognerebbe, ch'elle furono per ser-
vire al suo proposito, è non và accomo-
dando i suoi proposti di mano in mano
alle cose, quali elle sono.

Scheiner piqué jusqu'au vif, (&
cette sensibilité est bien pardonnable,)
crût ne pouvoir mieux se venger de
Galilée qu'en dénonçant à l'Inquisition
(1) ses quatre Dialogues, où sous pré-

_____

(1) Le Pere Niceron Barnabite rapporte
dans le 35. vol. de ses Mémoires, pour servit à l'Histoire des Hommes Illustres, &c.

texte de propoſer *le ragioni Filoſofiche
e Naturali tanto per l'una , quanto per
l'altra parte* , on voit aiſément qu'il
donne au ſyſtême de Copernic la préférence ſur celui de Ptolomée. C'eſt
ainſi préciſément que Cleante ſe ven-
gea autrefois d'Ariſtarque de Samos ,
& l'accuſa d'impiété & de ſacrilege
envers les Dieux , *d'autant que cet
homme tâchant à ſauver les apparences,
ſuppoſoit que le Soleil demeuroit immobile ,
& que c'étoit la terre qui ſe mouvoit par
le cercle immobile du Zodiaque , tournant
à l'entour de ſon axieu.* Vous ſçavez,
Monſieur, que ce trait eſt tiré de Plutarque, & que les dernieres paroles que
je cite, ſont de la traduction d'Amyot.

une Lettre de Luc Holſtenius , Garde de la
Bibliothéque du Vatican , adreſſée à M. de
Peireſc. Galilée, lui écrit-il de Rome, eſt arrivé ici de Florence malgré la rigueur de l'hiver , & il s'eſt préſenté devant les Juges du
ſaint Office qui l'ont auſſi-tôt fait mettre en
priſon . . . . . On croit que tout cet orage lui
a été ſuſcité par la haine particuliere d'un
Religieux , qui s'étoit extrêmement piqué de
ce que Galilée ne vouloit pas le reconnoître
pour le premier Mathématicien de l'Europe.
Ce Religieux eſt aujourd'hui un des Com-
miſſaires de l'Inquiſition.

Le reste du procès qu'essuya Galilée à l'Inquisition, me paroît très-bien expliqué dans la nouvelle vie de Gassendi. On y voit à quelles rigueurs & à quelles humiliations fût livré cet illustre malheureux, dont tout le crime étoit suivant l'accusation du Procureur Fiscal du saint Office, de croire le mouvement de la terre & le repos du Soleil. On y voit encore combien la retractation qu'on lui fit signer contre l'aveu & les lumieres de son esprit, sans preuve, sans apparence de démonstration, étoit tout ensemble injuste & cruelle.

Je ne crois pas, Monsieur, qu'aucun Astronome soit dorénavant exposé à une pareille procedure, ni que les Juges les plus ignorans & les plus sévéres (car l'extrême sévérité est d'ordinaire compagne de l'ignorance) osassent l'attaquer sur le systême de Copernic. Ce systême est aujourd'hui généralement reçu, & l'on doit, à mon avis, le regarder comme le plan réel de la nature & ne plus lui donner le titre incertain d'Hypothése. Il contient le Soleil, cet immense & surprenant

nant globe de feu , la source de toute la lumiere & de toute la chaleur de notre Monde Planétaire ; le Soleil, dis-je , lequel est placé tout auprés de son centre de gravité & tourne incessamment sur son axe. Il contient de plus six Planétes du premier ordre, avec dix autres du second qui l'accompagnent , & environ vingt-une Cométes connues. Il pourroit cependant arriver qu'il y en eût un plus grand nombre , quoique non encore observées ou du moins non encore calculées. Toutes ces Planétes & ces Cométes gravitent vers le Soleil , en proportion double réciproque de leurs distances : & par là elles sont retenues chacune dans leurs orbites. A l'égard de leurs tems périodiques , toutes les observations s'accordent à les trouver en proportion sesquialtere avec leurs distances : c'est-à-dire, que le triple ou le cube de leurs distances est comme le double ou le quarré de leurs tems périodiques, & cela dans la plus grande exactitude & la plus grande régularité. Ce rapport se trouve également dans les Planétes du second ordre,eu égard à cel-

les du premier dont elles dépendent: *&
c'eſt là*, diſent Mrs Halley & Whiſton, *la loi fondamentale de notre ſyſtême ſolaire*. Il y a apparence que chaque Etoile fixe a un monde qui lui appartient, tout different du nôtre & varié à l'infini. Quoi de plus digne de la puiſſance & de la haute ſageſſe de l'Etre ſuprême? Tous ſes Ouvrages ſont parfaits, ſont excellens : & aucun ne ſe reſſemble. Il travaille ſur un fond inépuiſable, & il travaille en Maître.

Si quelqu'un cependant oſoit aujourd'hui contredire le ſentiment applaudi de Copernic, je le renverrois à tous les fameux Aſtronomes qui ont fleuri depuis Galilée. Voici en particulier comme parlent Kepler & Newton, illuſtres tous les deux, le premier pour avoir découvert les loix du mouvement des Planétes autour du Soleil & le ſecond pour en avoir trouvé les cauſes par ſa profonde Géométrie. Les plus habiles Philoſophes, dit Kepler, & les Aſtronomes les plus intelligens ſuivent aujourd'hui l'opinion ſi claire & ſi nette de Copernic. La glace eſt rompue. Nous avons de

notre côté les meilleures & les plus
sûres Expériences. A l'égard dé ceux
qui penfent autrement, ou c'eft une
vaine fuperftition qui leur ferme les
yeux, ou ils craignent les attaques
des Cleantes modernes, qui ne font
pas, à vrai dire, ni moins hardis ni
moins dangereux que les Anciens.

Notre fyftême Planétaire, ajoûte
le Chevalier Newton, a certainement
un centre de gravité. Mais comme le
Soleil, la Terre & les autres Planétes
gravitent continuellement les uns vers
les autres en raifon réciproque de leurs
maffes & en raifon inverfe du quarré
de leurs diftances, il eft évident qu'aucun de ces globes dont le centre eft
toujours en mouvement, ne peut être
placé au centre du fyftême qui eft fuppofé & qui véritablement eft en repos. Si cependant quelqu'un de ces
globes mérite une telle prérogative,
c'eft afsûrément le Soleil qui contretient lui feul & contrebalance à peu
de chofe près toutes les autres Planétes. Auffi fon centre eft-il peu éloi-
gné du centre de notre monde, autour
duquel il circule inceffamment : & fi

le Soleil avoit un peu plus de maſſe &
de denſité, ce qu'il eſt aiſé de calcu-
ler, il feroit immobile & ne tourneroit que ſur ſon axe. Pour les Planétes
& les Cométes, elles obſerveroient
encore plus exactement les deux fa-
meuſes analogies de Kepler. La premiere, c'eſt que les Planétes décrivent non-ſeulement des ellipſes autour
du Soleil, mais encore des aires ou
ſecteurs elliptiques proportionnels aux
tems : ce qui regarde également les
Planétes du premier ordre & les ſe-
condaires, & même les Cométes. La
ſeconde, c'eſt que les quarrés des
tems périodiques doivent être proportionnels aux cubes des moyennes
diſtances au Soleil. Mais tout cela eſt
trop connu, pour m'y arrêter davantage.

J'ai l'honneur d'être avec les ſenti-
mens les plus diſtingués, Monſieur,
&c.

Supplément au Traité sur la maniere de conserver les Grains.

Uelques personnes ayant souhaité que je donnasse une description particuliere des deux principaux Insectes qui dévorent les Grains, sçavoir, de la Calendre & du Charençon, j'ai cru qu'il étoit de mon devoir de satisfaire à leur demande réitérée, d'autant plus que l'Histoire naturelle ne peut que gagner à ces sortes d'éclaircissemens.

I.

La Calendre est l'Insecte que j'ai rapporté au genre des Scarabées. Il a deux cornes divisées par de petites jointures & comme veloutées, avec une trompe qui sort de la partie antérieure de sa tête. Au bout de cette trompe est une espece de tenaille, par où la Calendre se fait jour dans le

Grain, soit pour y chercher sa nourriture, soit pour y déposer ses œufs. Les deux cornes ont aussi la forme de tenailles acérées.

Chaque Grain que la femelle a percé, reçoit un œuf & très-rarement deux, lesquels produisent des Vers qui se replient beaucoup sur eux-mêmes, mais qui sont peu propres à se transporter par leur volume d'un lieu dans un autre. Ces Vers se changent en Chrysalides, dont la destinée est de devenir en quatorze ou quinze jours Calendres parfaites. Lorsqu'elles sont encore dans leurs œufs & qu'elles n'ont pas atteint le dernier accroissement que la nature leur a destiné, elles courent risque d'être rongées par les Mites.

I I.

Le Charençon est l'Insecte produit par le Papillon, qui a été ci-devant représenté, & dont les aîles sont blanches avec des tâches noires. Cet insecte a été dans son origine une des plus petites Chenilles qu'on connoisse ; il sort de sa bouche plusieurs fils extrêmement fins , par le moyen defquels il s'attache promptement à tout ce qui l'environne. Cette bouche eft armée d'inftrumens prêts à faifir les corps les plus moûs, & à fe frayer un chemin au travers des plus durs.

Vers la fin de l'été , ces Chenilles ou efpeces de Chenilles montent en grand nombre au haut des greniers pour y chercher un lieu propre à fe loger , pendant qu'elles feront dans leur état de Chryfalides. Lorfque le tems de changer approche, elles ne prennent aucune nourriture & fe joignent plufieurs enfemble, en y employant les fils qui fortent de leur bouche. Elles fe traînent enfuite de tous les côtés, jufqu'à ce qu'elles ayent trouvé quelques corps qui leur conviennent, pour y faire avec leurs dents des trous capables de les cacher : & là s'enveloppant d'une couverture de foie qu'elles ont elles-mêmes filée, on les voit bientôt fe métamorphofer en Chryfalides d'une couleur cendrée.

Ces Chryfalides paffent tout l'hiver fans mouvement & fans action. Mais vers le mois d'Avril ou de Mai, elles

se transforment de nouveau & deviennent des Papillons, de l'espece des
fausses Teignes. On les voit alors vol-
tiger languissamment & grimper le
long des murs : mais comme ils ne
mangent rien dans leur état de Papillons, ils ne causent aucun mal ni aucun dommage. La suite en est bien
différente. Car ces Papillons en se rencontrant les uns avec les autres, s'accouplent confusément & font des
œufs. La femelle les insinue par un
tuyau qui tient à l'*anus*, dans les plis
ou les crevasses des grains de Blé. Au
bout de seize ou dix-huit jours, on
voit ces œufs éclorre : & alors commence le desordre dans les greniers.
Car l'Insecte perce immédiatement
après le grain où il a pris naissance,
le ronge avidement, & avec les fils
qu'il tire de sa bouche, il attire d'autres
grains & les dévore de la même maniere, ne laissant que la cosse avec
beaucoup de poussiere.